얽힌
생명의
역사

지구 생명체 새롭게 보기

얽힌 생명의 역사

The Entangled History of Life

전방욱 지음

책과바람

저자 서문

 이번 여름은 유난히 무더웠다. 여름 한낮의 공기는 체온보다 더 뜨거웠고, 식지 않는 열기 때문에 제대로 잠을 이루지 못한 밤이 많았다. 관측 결과 연평균 기온은 최고치를 경신했고, 여름 평균 기온도 가장 높은 것으로 나타났다. 그러나 올해의 여름이 가장 시원한 여름이 될 것이라는 떠도는 말처럼 앞으로도 여름 더위는 더욱 기승을 부릴 것으로 예상된다. 폭염은 단지 '덥다'라는 감각만의 문제가 아니다. 인간의 야외활동을 크게 제한할 뿐만 아니라 다수의 사망자를 낳을 수 있다.

 현재 인류는 수천 년 문명의 역사에서 기후 변화라는 가장 큰 위협에 직면했다. 기후 변화는 이미 오래전부터 과학자들이 예측해 왔지만 이제는 단순한 경고에 그치지 않고 우리 모두가 마주하고 있는 현실이다. 대규모 폭풍과 홍수, 극심한 해수면 상승 등은 우리의 예상보다 더 빠르게 진행되고 있다. 이 모든 경향이 가리키는 바는 단순하다. 기후 변화로 인한 복합 재난이 연도, 계절, 장소를 가리지 않고 동시 다발적으로 발생하는 시대가 이미 도래했다는 사실이다.

기후 변화에는 '기후 특이점tipping points'이 존재한다. 이는 기온이 상승하여 특정 임계치를 넘어설 때 멈출 수 없는 변화가 발생하여 지구 기후 전체가 흔들리는 현상이다. 예를 들어, 기온이 상승하면 아마존 열대우림이나 그린란드 빙상과 같은 거대 시스템을 특정 한계 이상으로 밀어붙여 결국 시스템은 붕괴 경로에 들어서게 된다. 이러한 특이점은 되돌릴 수 없는 변화와 파국을 인류와 지구에 초래할 수 있다. 기후 온난화뿐만 아니라 우리는 생태계 붕괴, 팬데믹 등 서로 얽힌 위험들로 가득한 세계에 살고 있다. 에너지, 식량, 수자원처럼 우리가 생존을 의존하는 시스템들은 날마다 다가오는 위험 특이점으로 향하는 길로 더 깊이 들어서고 있다.

이러한 위기 속에서 늦게나마 인간은 자성의 질문을 제기하기 시작했다. 인간은 과연 지구의 보호자인가, 지구 시스템을 작동시키는 관리자인가, 기후 위기를 잠재울 해결사인가. 이런 질문은 인간이 지구의 유일한 주체인가에 대한 회의에서 비롯됐다. 인문사회과학은 이 질문에 답하기 위해 새로운 사유 방식을 모색했고, 그것의 핵심은 '관계성'이다. 여기서 관계는 지금껏 '인간'과 '인간을 둘러싼 환경'이라는 이분법의 전제를 깨뜨리면서 시작한다. 인간과 그 나머지가 아니라, 인간과 비인간들을 상호작용을 하는 동등한 행위자로 바라보자는 것이다. 이는 또한 지구적 상호작용을 물질과 생명, 기술, 환경이 서로 얽히며 생성해 가는 과정으로 새롭게 파악하고 그 속에서 해결을 모색하려는 움직임으로 발전했다.

그러나 과학사와 철학의 맥락에서 보면 생명과학은 인문사회과학이 관계성을 주요 담론으로 삼기 훨씬 이전부터 이미 그러한 사유를 발전시켜 왔다. 특히 19세기 말에서 20세기 초에 등장한 생태학은 생명체와 환경의 상호작용을 연구하는 학문으로, 근본적으로 관계성·연결성·상호의존성을 중심 개념으로 삼고 있다. 오늘날 인문학적 '관계성' 담론은 바로 이러한 생명과학의 생태적 사유 위에서 싹트고 확장되었다고 할 수 있다.

이런 시점에서 내가 거의 반세기 이상 공부해 온 생명과학을 다시 성찰하는 것도 의미가 있을 것이다. 내가 학부부터 박사과정에 이르기까지 배웠던 것보다 많은 내용이 지금 학부생 1학년 교재 한 권에 수록되어 있을 만큼 정보는 폭발적으로 늘어났고 설명은 정교해졌다. 하지만 놀랍게도 생명과학 교과서의 골격은 그대로 유지되고 있다. 설명 체계는 위계적이고 각 분야는 서로 연결성을 갖지 못한 채 동떨어진 주제를 다루고 있다. 게다가 분자생물학이 눈부시게 발전하면서 모든 것을 유전자라는 유일한 원인으로 설명하려는 경향은 더욱 심화되었다.

그러나 기후 변화, 생태계 붕괴, 팬데믹 같은 심화된 지구적 위기 현상은 생명을 관계성과 역사성이라는 생태학적 통찰력으로 다시 한 번 파악할 것을 요구한다. 이 과정에서 생태학적 사유도 큰 변화를 겪는다. 예를 들어, 기존의 생태학이 인간 주체와 비인간 객체를 분리했다면 확장된 생태학은 인간과 비인간, 나아가 개체와 환경, 개체와 공생체를 구분하지 않는다. 기후 위기와 인류세 논의에서 중대한 영향을 끼친 역사학자 디페시 차크라바르티Dipesh Chakrabarty, 1948~는 기존의 인간이 중심이 되는 지구적 사유와 구별하여 이를 '행성적 사유'라고 이름 짓는다.

행성적 사유란 뭘까. 우주의 한 행성으로 지구를 바라보자는 생각일 수도 있지만, 근본적으로는 지구가 지질, 기후, 해류, 대기, 동식물, 미생물이 촘촘한 상호작용을 이루는 독특한 장임을 새롭게 깨닫는 것이다. 여기서 인간을 비롯한 생명체는 지구가 행성으로 만들어지는 과정 속에 있는 존재이다. 따라서 지구적 사유에서는 인간이 자연을 어떻게 조직하고 관리할 것인가에 관심을 갖는 반면 행성적 사유에서는 인간이 어떤 존재들과 얽혀 있으며 그들과 어떻게 함께 살아갈 것인가를 고민하게 된다. 나는 행성적 사유 방식을 사용하여 생명/물질의 출현, 진화, 기능, 상호작용, 가이아가 함께 얽히는 이야기를 구성하려고 한다. 이 이야기는 '얽힌 생명의 역사'라고 부를 수 있을 것이다.

짧은 분량의 책으로는 모든 내용을 다 담거나 당면한 지구 위기를 극복할 해법까지 제시할 수 없겠지만, 생명의 이야기를 전혀 다른 방향으로 풀어갈 수는 있을 것이다. 《얽힌 생명의 역사》는 설명은 정교해졌지만 연결은 느슨해진 생명과학의 그물을 다시 묶으려고 한다.

1장은 우주의 기원에서 생명의 조건에 이르기까지, 물질과 에너지의 연속적 변형을 따라간다. '빅뱅'으로 시작해 원소의 탄생과 별의 진화, 지구의 형성과 냉각, 물의 등장과 유체의 순환이 만들어낸 생명의 가능성에 다다르는 동안 우주가 스스로를 조직하며 복잡성을 창출해 온 과정을 보여준다. 이를 통해 생명이 탄생하기 위해 온 우주가 필요했다는 사실을 알 수 있다.

2장은 '두 플라스크'라는 대비를 통해 생명의 기원을 탐구하는 두 가지 노력을 포개어 보여준다. 루이 파스퇴르Louis Pasteur, 1822~1895의 거위 목 플라스크가 자연발생설을 끝내며 "생명은 생명으로부터"라는 원리를 입증했다면, 스탠리 밀러Stanley Miller, 1930~2007-해럴드 유리Harold Urey,

1893~1981의 방전 플라스크는 '생명은 생명으로부터'라는 원리에서 벗어나 원시 지구에서 무기물로부터 생명의 씨앗이 되는 유기 분자가 출현했음을 실험으로 증명했다.

3장은 물, 단백질, 핵산, 지질 등 생체 분자의 행위성 때문에 생명현상이 가능해졌고, 생체 분자를 둘러싼 막이 발달해 원시세포가 만들어졌음을 밝힌다. 리보자임이 발견되면서 RNA가 정보 저장과 촉매 기능을 모두 갖추었고 막으로 둘러싸여 원시세포 발달에 중요한 역할을 했음이 알려졌다. 원시세포가 더 진화하면서 단백질은 대사의 주도권을 장악했고, DNA는 정보 저장의 역할을 맡았다.

4장은 세포가 어떻게 다른 세포를 포획하여 공생 전략을 채택하면서 진핵세포로 진화하였고 다세포가 되는 길을 열었는지 설명한다. 미토콘드리아와 엽록체가 다른 세포와의 협력을 통해서 발생했다는 린 마굴리스Lynn Margulis, 1938~2011의 '공생 발생symbiogenesis' 개념은 공생을 새로운 종을 가능하게 하는 역사적 사건으로 재해석한다.

5장은 미시적 접촉과 집합적 조직화가 엮어내는 관계의 생물학을 박테리아와 식물의 예를 통해 서술한다. 박테리아는 접촉한 표면에 즉각 부착하고 증식하며 유기적인 전체인 생물막을 구축한다. 식물은 근권(뿌리 주변)의 미생물들과 다양한 방식으로 관계를 맺는다. 근권에 미생물상microflora을 서식하게 하거나 질소고정 뿌리혹박테리아와 공생관계를 형성한다. 식물과 균근 곰팡이의 공생은 '우드와이드 웹 woodwide web'이라는 보다 폭넓은 생태계 네트워크를 형성한다. 최근 식물 내부에 미생물 생태계가 존재한다는 사실도 알린다.

6장은 동물이 건강한 삶을 살기 위해 박테리아 내부 공생자인 마이크로바이옴microbiome을 필요로 하며, 계통공생 발생을 통해 특정한 마이크로바이옴 박테리아와만 공생관계를 갖게 됨을 보여준다. 이런 동물-마이크로바이옴 관계는 너무도 밀접하여 진화 선택의 단위로 볼 수 있는 유기체까지 이룰 수 있음을 밝힌다.

7장은 진화에 대한 재성찰을 제안한다. 진화란 유전자가 주도하는 자기 폐쇄적 복제가 아니라, 생명과 환경이 함께 얽혀 작동하는 공생 발생의 역사라는 점을 강조한다. 지금까지 진화론의 주축이 되었던 이론은 유전자의 변이가 축적되고 이로 인해 종 간의 차이가 나타나 환경에 유리한 개체만 살아남는다는 자연선택설이었다. 그러나 다윈이 이야기했듯이 진화는 다양한 메커니즘을 통해 일어날 수 있다. 개체나 개체군이 아니라 공생체를 진화의 단위로 보는 시각도 진화에서 우연과 사건적 만남들이 중요하다는 사실을 일깨운다.

8장은 제임스 러브록James Lovelock, 1919~2022과 린 마굴리스의 가이아Gaia 가설을 축으로 행성의 대기, 해양, 지질과 생명의 상호조절을 통해 '거주 가능성'이 어떻게 만들어졌는지 추적한다. 생물 다양성과 순환이 장구한 시간에 누적되어 만들어진 행성 규모의 항상성이 인간이 지질학적 힘을 행사하면서 흔들리고 깨졌다. 파국에 가까워진 이 상황을 맞아 여러 사상가들은 가이아 속에서 가이아와 함께 겸손하게 살아가는 법을 배워야 한다고 강조한다. 찰스 다윈Charles Robert Darwin, 1809~1882도 일찍이 행성의 역사와 생명의 진화가 얽혀 있다고 인식했듯이 가이아는 생명과 행성이 상호작용하며 스스로를 조절하는 시스템이다.

'수유너머 파랑'과 고등과학원 초학제프로그램-'비인간 연구단'에서 강의 기회를 주셔서 원고를 정리할 수 있었기에 감사드린다. 책의 기획에서부터 출판에 이르는 전 과정에 물심양면으로 애써주신 책과바람 김재실 대표님께 감사드린다.

2025년 11월

전방욱

차례

저자 서문 · 5

1장 생명은 언제 어떻게 탄생했는가

빅뱅 · 20
지구 탄생 · 23
물의 등장 · 25
흐름이 만든 코스모스 · 28
지구 밖 생명 찾기 · 30

2장 생명은 어디에서 오는가

두 플라스크 이야기 · 40
생명의 요람 · 49

3장 무엇이 생명을 만들어냈는가

물: 생명을 끌어내는 지휘자 · 56
단백질: 생명의 연주자 · 62
핵산: DNA와 RNA로 이루어진 악보 · 66
지질: 분리와 소통을 막 하나로 · 71
RNA: 원시세포를 만든 능력자 · 73

4장 세포의 모험

생명의 세 영역 · 84

세포내 공생설 · 88

지구를 변화시킨 초기 생명 · 94

마침내, 다세포 생물의 등장 · 96

5장 공생하는 종들

박테리아 그리고 생물막 · 110

초유기체 · 116

식물과 미생물의 공생 · 117

6장 박테리아와 인체가 만날 때

판다의 변신 · 138

인체와 마이크로바이옴 · 140

박테리아 세계 속 동물 · 149

유기체의 정의 · 155

7장 얽힌 둑

유전자 중심설과 현대적 종합 · 166
유전자의 시대는 끝났다 · 173
환경의 힘 · 178
경계 없는 몸 · 183
공생 발생 이론과 신다윈주의 비판 · 186
얽힘 · 191

8장 지구 생명체를 낯설게 보기

행성과 생명 · 198
가이아의 재발견 · 207
얽힘의 역사 · 214

참고문헌 · 218

일러두기
1. 외국의 인명과 지명의 우리말 표기는 국립국어원 외래어표기법을 따랐다. 그러나 통상적이고 학술적으로 굳어진 표현은 그에 우선했다.
2. 외국 도서의 제목은 최대한 원어의 느낌을 살려 번역하고 원제를 병기했다. 국내 번역본이 있는 경우 번역본의 한글 제목을 우선했다.
3. 단행본과 잡지는 겹꺾쇠《 》, 일간지는 홑꺾쇠〈 〉, 논문은 큰따옴표" ", 기사는 작은 따옴표' '로 구분했다.

1장

생명은 언제 어떻게 탄생했는가

우리는 별의 먼지다.
- 조니 미첼Joni Mitchell, 1943~ ●

  생명의 출현은 우주의 조건과 맞물려 있다. 빅뱅으로 가장 가벼운 수소와 헬륨이 태어나고, 별의 핵융합과 초신성과 중성자별을 거치며 탄소와 산소, 질소, 그리고 금속 원소까지 생명을 이루는 필수원소가 마련되었다. 그 별의 먼지가 다시 모여 에너지를 오래 방출하는 태양과, 내외부 구조와 자기장을 갖춘 암석형 행성 지구가 형성되었다. 지구가 식기 시작하자 장대비가 내리고, 산소가 거의 없던 원시 지구의 대기에 자외선, 번개, 화산의 열처럼 강한 에너지가 더해지면서

●1970년 캐나다 싱어송라이터 조니 미첼이 작사·작곡한 노래 〈우드스톡Woodstock〉의 가사 일부.

생명체를 이루는 기본 물질들이 만들어졌다. 뒤이어 후기 대공습기에 쏟아진 혜성·소행성이 물과 유기물을 보태 지구 표면은 거대한 반응 용기가 되었다. 대기와 바다 그리고 지각에 걸친 에너지 기울기와 파도, 조석, 대류의 운동으로 유체동역학은 혼합과 농축을 되풀이했다. 그리하여 무작위 수프가 아니라 '질서 있는 반응성 물질'이 생겨났다. 열수구의 미세공과 조간대의 웅덩이, 증발이 잦은 얕은 연안 같은 미세 환경에서는 농축·선택·촉매가 결을 이루며 반응 경로가 조직되었다. 이렇게 마련된 무대에서 수억 년에서 수십억 년에 걸친 시간 동안 생명의 출현을 위한 화학적 복잡성이 축적되었다.

빅뱅

우주는 대부분 어둡고 차갑지만 그 어둠 속에는 수조 개의 은하가 섬처럼 박혀 있다. 각 은하에는 수천억 개의 별이 타오르고, 많은 별 주위에 행성이 돈다. 그리고 그 수조의 행성 가운데 하나에서, 우리는 먼 빛을 되돌아보며 "이 모든 것은 어떻게 시작되었는가?"를 묻고 있다.

이야기는 '태초'라 불리는 지점의 바로 앞, 물질이 아직 없던 때로 거슬러 올라간다. 온 우주를 채운 것은 구조 없는 에너지의 바다였다. 그 바다는 잠잠하지 않았다. 양자 요동이 잔물결을 일으켰고, 그 미세한 물결이 상상을 초월할 만큼 짧은 순간의 '급팽창'을 촉발했다. 우리가 '빅뱅'이라고 부르는 사건이다. 아주 작게 뭉쳐 있던 우주의 씨앗, 특이점이 눈 깜짝할 사이에 거대한 크기로 부풀면서 요동의 얼룩무늬가 공간 곳곳에 새겨졌다. 급팽창이 멎자 에너지는 물질과 복사로 바뀌었다. 상상할 수 없을 만큼 뜨겁고 밀도가 높은 불덩어리였던 우주는 시간이 흐르며 조금씩 식어갔다. 약 3분이 지나면서 온도가 수억 K(켈빈, 0K는 모든 분자 운동이 완전히 멈추는 절대온도)으로 떨어지자 양성자와 중성자가 결합하여 가벼운 원소들이 만들어졌다.

그 순간 태어난 첫 번째 친구들은 수소와 헬륨이었다. 이 둘은 마치 우주의 첫 아이들처럼 단순하고 가볍지만, 이후 모든 이야기를 가능하게 할 기초가 되었다. 가장 가벼운 수소가 초기 우주를 구성하는 원소 중 75%를, 헬륨은 25% 정도를 차지했다.

몇 분 지나지 않아 우주는 여전히 불안정했지만 조금 더 안정된 리튬과 중수소가 덧붙여졌다. 보다 무겁고 생명의 핵심 원소들인 탄소, 산소, 질소는 아직 존재하지 않았다. 그래서 흔히 초기 우주는 주로 수소-헬륨의 바다라고 불린다.

시간이 수억 년 흘러, 중력에 의해 이 가벼운 원소들이 모여 최초의 별들이 형성되었다. 거대한 핵융합의 용광로라고 할 수 있는 별 안에서 원소들이 만들어졌다. 작은 별 안에서는 수소가 헬륨으로, 큰 별 안에서는 헬륨이 다시 뭉쳐 탄소를 만들고, 이어서 산소와 네온이 태어났다. 별은 원소 공장처럼 점점 더 무겁고 다양한 원소들을 생산했다. 그러나 그 공정에도 한계는 있었다. 핵융합으로는 철보다 무거운 원소를 만들 에너지를 공급할 수 없었고, 별은 붕괴하기 시작했다.

그 붕괴의 순간, 우주에서는 또 하나의 장엄한 사건이 펼쳐졌다. 별이 마지막 숨을 내쉬며 자기 몸을 산산조각 내던 초신성 폭발의 순간, 철보다 무거운 금, 은, 우라늄 같은 원소들이 순식간에 합성되어 우주로 흩뿌려졌다. 때로는 중성자별의 충돌 같은 극적인 사건 속에서, 생명체에 필수적인 미량원소들이 태어났다.

이렇게 흩뿌려진 별의 먼지는 성간 공간을 채우며 다시 모이고, 약 46억 년 전 새로운 별과 행성을 만들었다. 그중 하나가 우리의 태양과 지구였다. 지구라는 행성은 이전 세대 별들의 유산을 물려받은 재활용된 별의 먼지였던 셈이다.

"우리는 별의 먼지stardust로 이루어졌다." 이 말은 시적 표현이 아니라 엄밀한 과학적 사실이다. 빅뱅에서 시작된 원소의 여정은 별을 거쳐, 초신성을 지나, 지구를 만들고, 마침내 생명을 이루는 데까지 이어졌다. 인간은 그 긴 여정의 마지막에야 나타났다.

지구 탄생

지구의 이야기는 태양계가 막 태동하던 무렵, 거대한 가스와 먼지 구름이 서서히 뭉치던 장면에서 시작된다. 약 46억 년 전, 수소와 헬륨에 초신성이 흩뿌린 무거운 원소들이 뒤섞여 성운이 되었다. 이 성운이 중력에 이끌려 수축하면서 대부분의 물질이 중심으로 끌려 들어갔고, 그렇게 모인 물질이 오늘날의 태양이 되었다. 남은 가스와 먼지는 원반 모양으로 회전하며 뭉쳐졌고, 이 미립자들은 충돌하고 덩치를 키우면서 점차 더 큰 천체들을 만들었다. 이런 미행성체와 작은 원시행성들이 수많은 충돌과 중력 상호작용을 거쳐서 태양을 도는 큰 원시행성들로 하나둘 자리 잡았고, 그중 하나가 지구였다.

막 태어난 지구의 표면은 우리가 아는 땅과 바다의 풍경과는 거리가 멀었다. 하늘에서는 여전히 파편들이 쏟아져 내렸고, 충돌이 남긴 열과 방사성 동위원소가 붕괴하며 내뿜은 열, 그리고 안쪽에서 솟는 불길이 더해져 행성 표면은 거대한 마그마 바다로 출렁거렸다. 뜨겁고 유동적인 몸체 안에서 무거운 철과 니켈은 중심에 자리 잡아 핵을 이루었고 비교적 가벼운 원소들은 맨틀과 지각에 남게 되었다. 아직은 단단한 대륙도 안정된 해양도 없었다. 지구는 부글거리는 화산과 비 오듯 쏟아지는 운석, 틈새마다 끓어오르는 용암이 지배하는 세계였다.

이런 과정을 통해 형성된 원시 대기는 현재의 대기와는 성분이 전혀 달랐다. 산소는 거의 존재하지 않았고, 화산이 토해낸 이산화탄소와 수증기와 질소가 대기를 채웠다. 메탄과 암모니아, 황화수소 같은 환원성 기체들도 섞여 있었을 것이다. 오존층이 없던 하늘을 통과해 강렬한 자외선이 지표까지 내리꽂혔고, 낙뢰와 방전이 허공을 가르며 에너지를 쏟아부었다. 혼란스럽고 적대적으로 보이는 이 조건들—고온, 화산성 가스, 강한 자외선과 번개—은 역설적으로 풍부한 화학적 잠재력을 의미했다. 후대의 실험들이 보여주듯, 이런 환원적 대기와 강력한 에너지원은 간단한 무기 분자들로부터 유기 분자를 빚어내는 후대의 생명 기원 실험에 영감을 주었다.

46억 년 전 원시 지구는 성운에서 태어난 뜨겁고 불안정한 행성이었다. 그러나 바로 그 불안정성이 생명의 전제였다. 산소가 거의 없는 대기, 이산화탄소와 수증기, 질소와 환원성 기체들이 제공하는 풍부한 화학 연료, 태양 자외선과 번개, 화산 활동이 공급하는 에너지—이 모든 요소가 함께 맞물려 아직 이름 붙일 수 없던 유기 진화의 가능성이 열렸다. 행성의 내부가 요동칠수록 하늘과 땅이 혼돈스러울수록 반응의 길은 더 많이 열렸다. 원시 지구는 파괴의 무대이자 합성의 실험실이었다. 그 무질서 속에서 생명의 첫 문장이

아주 천천히 그러나 결정적으로 쓰이기 시작했다.

물의 등장

지구가 서서히 식기 시작했을 때, 하늘이 먼저 변했다. 형성 초기의 지구는 끊임없는 소행성 충돌과 방사성 붕괴, 활발한 화산 활동이 뒤섞인 거대한 용광로였다. 화산이 토해 올린 수증기가 두텁게 덮여 있었지만, 지표면의 열기에 눌려 응축되지 못한 채 기체 상태로 머물러 있었다. 약 44억 년 전, 지구가 점차 냉각되면서 대기 온도가 내려갔고, 수백만 어쩌면 수천만 년 동안 장대비가 내렸다. 낮은 지형을 따라 물길이 연결되고, 움푹한 분지가 서로 통하자, 드디어 행성은 첫 바다를 얻었다. 원시 바다였다.

물은 지구 내부에서만 온 것이 아니었다. 지각과 맨틀 속 수소 화합물이 화산 분출을 통해 대기로 올라와 응축된 물이 한 갈래였다면, 다른 한 갈래는 하늘에서 떨어졌다. 지구가 막 자리를 잡은 뒤 43억~38억 년 전 사이, 이른바 '후기 대공습기' 동안 물을 품은 혜성과 소행성들이 몰려와 지구 표면을 두드렸다. 그 충돌은 상처만 남기지 않았다. 얼음과 수화 광물을 통해 막대한 물을, 그리고 단순 탄화수소와 아미노산 같은 유기 분자들을 공급했다. 오늘날 몇몇 혜성과 운석에서

측정된 중수소와 수소의 비율이 지구 해양과 유사하다는 사실은 물이 외부에서도 유래했음을 추정하게 한다.

그렇게 모인 바다는 오늘날의 푸른 바다와는 달랐다. 더 뜨겁고 더 진하고 더 반응성이 높았다. 화산호와 열수 분출공에서 금속 이온과 황 화합물, 암모니아가 끊임없이 녹아들어 '뜨거운 수프'를 이뤘고, 산소가 거의 없던 대기는 바다를 환원적 환경으로 유지했다. 이것은 유기 분자의 합성과 안정성에 매우 유리했다. 수많은 작은 분자들이 물속에서 서로를 찾아 결합과 해리를 반복했고, 그 과정은 바다 전체에서 무작위로 일어난 것이 아니라 화학물질의 농도나 에너지가 뚜렷하게 차이가 나는 곳—열수구의 미세공, 바닷가 조수 웅덩이, 증발이 잦은 얕은 연안—에 집중되었다.

물의 등장은 단지 '용매가 생겼다'는 뜻을 넘어선다. 물은 분자들을 용해하고 혼합하며 반응이 일어날 수 있도록 공간과 시간, 그리고 촉매의 역할을 제공했다. 파도와 조석, 증발과 응결이 반복되며 어떤 곳에서는 용질이 농축되고 다른 곳에서는 희석되었는데, 이 리듬은 단순한 유기 분자들이 서로 더 복잡한 구조로 이어질 기회를 마련했다. 한편 대기와 바다를 오가며 순환하는 물은 지구의 열을 고르게 퍼뜨리고 가두어, 요동치던 기후를 서서히 안정시켰다. 오존층이 없던 하늘 아래에서 자외선의 에너지는 여전히 강력했지만, 물은 그 에너지를 흡수하고 분산시키며 외부에서 날아든 유기물들을 품어 보호하는 '완충지' 구실도 했다.

혜성과 소행성이 가져온 외부의 유기물들은 물속에서 새로운 운명을 맞았다. 바다라는 거대한 용액에 녹아 안정성을 얻은 그 씨앗들은 금속 촉매와 광범위한 화학적 기울기, 그리고 시간의 압력 속에서 조금씩 복잡도를 올려갔다. 어떤 분자는 우연히 지각의 표면에 달라붙어 오래 머물렀고, 어떤 조합은 생존 시간이 늘어나 다른 분자와 만날 기회가 더 늘어났다. 바다는 그 만남들을 헤아리지 않았고 성공과 실패를 가르지 않았다. 다만 끊임없이 흔들고 섞고, 농축하고 퍼뜨리며 다음 반응을 가능하게 했을 뿐이다.

그리하여 원시 바다는 혼돈의 끝이 아닌 시작의 무대였다. 하늘에서 내린 물과 땅속에서 솟은 물, 내부에서 배출된 수증기와 외부에서 배달된 얼음이 한데 어우러져 행성의 표면에 거대한 반응 용기가 마련되었다. 그 용기 속에서 기울기가 생기고, 에너지는 흐르며, 분자들은 서로를 찾아다녔다. 물은 이 모든 과정을 조율하는 보이지 않는 지휘자였다. 지구에 바다가 생겼다는 사실은, 생명이 언젠가 여기에 등장할 수 있으리라는 약속과 같았다. 물이 자리 잡은 순간부터 그 약속은 이행을 향해 조금씩 그러나 확실히 움직이기 시작했다.

흐름이 만든 코스모스

에너지 차이가 있으면 그 차이를 줄이려는 흐름이 생긴다. 이 차이 때문에 물과 공기 같은 유체는 스스로 돌고 섞인다. 에너지 차이는 지구의 깊은 속과 표면 사이에 있고, 표면과 하늘 사이에도 있으며, 따뜻한 바닷물과 차가운 바닷물 사이에도 있다. 그래서 하늘에서는 소용돌이 폭풍이 돌고, 바다에서는 크고 작은 소용돌이가 생기고, 지구 안에서는 뜨거운 물질이 오르내리는 대류가 일어난다. 이런 움직임은 모두 에너지 차이를 줄여간다. 화학과 생물의 대사가 시작되기 훨씬 전부터 지구에는 이미 에너지가 드나드는 유체의 순환이 있었다.

바다는 스스로 질서 있는 움직임을 만들어 다른 방식의 대사가 일어나게 했다. 잦은 지진이 초기에 바다를 흔들고 섞어 큰 에너지 차이를 만들었고, 그 차이는 파도와 폭풍, 소용돌이 같은 움직임으로 서서히 줄어들었다. 달의 강한 중력도 거대한 파도와 소용돌이를 일으켜 따뜻한 물과 차가운 물을 뒤섞었다.

물의 이런 움직임은 원자와 분자, 광물 같은 재료들이 여러 수준에서 서로 만나게 했다. 생명에 필요한 화학과 생물의 대사가 가능해지려면 물이 있기만 해서는 안 되고 일정한 리듬과 패턴을 가진 물의 움직임이 필요했다. 바닷속 분자와 광물은 아무렇게나 섞여 모인 것이 아니라 특정한 순환과 흐름 속에서 모였다. 물의 소용돌이와 흐름은 그렇게 화학적·생물학적 관계의 틀을 빚어냈다.

생명에 쓰이는 화학과 생물의 대사는 결국 물이 만들어내는 움직임의 모습이다. 화학반응은 물이 스스로 조직해 만드는 소용돌이 같은 패턴을 따라 서로 만나고 이어지려는 경향이 있다. 바닷물이 흐르다 해저의 바위와 굴곡을 만나면 속도가 줄고 길이 휘어지며, 그 자리에는 입자들이 가라앉아 같은 곳에 자주 쌓인다. 이렇게 쌓인 물질은 다시 반응하고 부풀어 오르며 서로의 반응을 앞당기는 촉매 구실도 한다. 바닷속 큰 흐름과 작은 소용돌이는 원소를 아무렇게나 섞지 않는다. 물질의 무게, 바다 지형의 모양, 흐름의 성질 같은 조건에 맞춰 고르게 섞는다. 그 결과 물의 움직임에는 일정한 반복과 리듬이 생기고, 이것이 여러 대사 순환의 바탕이 된다. 요컨대 대사는 더 넓게 보면 물질과 에너지가 흐르고 되돌아오는 일반적인 순환의 한 형태다.

시원의 바다가 그냥 원시 수프처럼 완전히 무작위적인 것이라면, 생명에 필요한 화학과 생물의 대사가 나타날 가능성은 매우 낮았을 것이다. 따라서 질서가 어떻게 생겨났는지를 이해하려면 지구에서 이미 작동하고 있던 더 일반적인 물질의 흐름과 운동 법칙부터 살펴봐야 한다. 물은 스스로 일정한 리듬의 흐름을 만들며 원소들의 움직임과 만남을 정리해

준다. 또 물속에서는 물을 좋아하는 성질과 물을 피하는 성질을 지닌 분자들이 저절로 모양을 갖추어 배열되는데, 예를 들어 머리는 물을 좋아하고 꼬리는 물을 피하는 지질 분자들이 스스로 층을 이루어 막 구조를 만드는 식이다. 이런 기본적인 정돈 작용이 쌓여 더 큰 질서가 생겨난다.

2장에서 자세히 살펴보겠지만, 전해질이 풍부한 액체에 번개를 흉내 낸 전기를 통과시켜 플라스크 안에서 생명의 시작을 재현하려는 밀러-유리 실험은, 애초에 그 액체 속 광물들이 어떻게 모여들었는지라는 더 근본적인 '움직임의 원리'를 설명하지 못한다. 실험용 플라스크는 초기 바다를 단순화한 그릇일 뿐이며 이미 특정한 광물 농도와 우연이 아닌 모임이 이루어졌다는 전제를 깔고 시작한다. 말하자면 질서는 플라스크라는 형태 속에 미리 넣어져 있다. 그래서 그 안에서 일어난 화학반응은 아무렇게나 일어난 것이 아니다. 그렇다면 그 반응들을 실제로 움직이게 한 흐름과 배치, 즉 운동학적·형태적 동력이 무엇이었는가가 핵심 질문이다.

지구 밖 생명 찾기

지구 이외의 천체에서 생명을 찾으려는 노력은 주로 물과 탄화수소의 존재 가능성에 중점을 두고 있다. 최근 화성과 토성의 위성 엔켈라두스Enceladus에서 잇달아 나온 신호들은 "생명의 기원은 우주의 물질·에너지·환경 조건과 맞물려 있다"는 가설을 다시금 유력하게 뒷받침한다.

퍼서비어런스 로버Perseverence Rover는 2020년 7월에 발사되어 2021년 2월 화성에 착륙했고, 2024년 7월 예제로 충돌구Jezero Crater●의 옛 강바닥에서 채취한 '사파이어 캐니언' 암석 시료에서 생물학적 기원을 떠올리게 하는 징후를 포착했다. 이 결과는 같은 해 9월 11일 《네이처Nature》에 실렸고, NASA(미국항공우주국)는 "지금까지 화성 고대 생명체 발견에 가장 가까운 성과"라고 평가했다. 로버는 PIXL(미세 X선 형광분석기)과 SHERLOC(라만·형광 복합 분광기)을 이용해 '브라이트 엔젤Bright Angel' 지층의 '체야바 폭포Cheyava Falls' 바위에 나타난 점무늬 구조를 분석했는데, 그 과정에서 지구에서 미생물 활동과 자주 함께 나타나는 비비아나이트vivianite와 그레이자이트greigite 같은 철 함유 광물, 유기 물질 신호, 그리고 철·인·황이 질서 있게 배열된 흔적을 확인했다. 이 머드스톤은 유기탄소와 산화철, 인, 황이 풍부해 고대 미생물 대사의 에너지원이 되었을 가능성이 있다. 다만 이런 생명 신호biosignature는 생명 그 자체가 아니라 흔적이므로,

---

●화성의 거대한 충돌 분화구. 과거에 호수와 강이 있었던 지역으로, 생명체 흔적이 남아 있을 가능성이 높은 곳.

지표 방사선과 같은 비생물학적 과정으로도 생길 수 있다는 가능성을 열어둬야 한다. 결정적으로 확인하려면 현재 화성 표면에 보관 중인 시료를 지구로 가져와 정밀 분석해야 한다. 하지만 미국과 유럽의 시료 회수 계획은 예산 문제로 난관에 있고, 중국은 2028년 발사를 목표로 독자 회수 임무를 준비 중이다. 이번 결과는 NASA의 생명 신호 신뢰도 체계 CoLD에서 아직 초기 단계지만, 화성이 생각보다 오래 그리고 비교적 최근까지도 생명체가 살기 적합한 환경이었을 수 있음을 시사한다. 앞으로의 추가 탐사와 시료 회수가 화성 생명 탐사의 분수령이 될 것이다.

이번에는 토성의 위성 엔켈라두스를 보자. 여기서 복합 유기 분자complex organic molecules가 다시 확인됐다. 이는 메탄이나 이산화탄소 같은 단순 분자가 아니라 탄소 사슬이 길거나 고리 모양을 이루는 더 복잡한 분자로, 아미노산·펩티드 같은 생명체 성분이 만들어지기 전 단계의 재료일 가능성이 크다. 특히 '갓 분출된' 얼음 알갱이에서 이런 신호가 잡히면서, 이 유기물이 얼음 껍질 아래 바다에서 올라왔다는 해석에 힘이 실렸고, 엔켈라두스를 더 탐사하자는 목소리도 커졌다. 연구진은 카시니Cassini 탐사선이 2008년에 남극 분출 기둥south polar plume[●]을 시속 약18km로 통과하며 채집한 신선한 얼음 알갱이를 다시 분석했다. 그 결과 질량 스펙트럼 분석에서 방향족 화합물aromatic compounds 등 다양한 유기 신호가 나타났다. 이는 오랫동안 우주 방사선에 노출돼 성분이 변했을 수 있는 E고리**의 오래된 얼음이 아니라, 분출 직후의 원래 성분에 가까운 것을 본 것이어서 '지하 바다 기원subsurface ocean origin'을 뒷받침한다. 다만 일부 연구는 지표 가까이에서도 우주 방사선만으로 유기물이 만들어질 수 있다고 주장하므로 논쟁의 여지는 있다. 이번 결과가 곧바로 생명체의 존재를 입증하는 것은 아니지만, 엔켈라두스 내부에서 생물학적으로 의미 있는 복잡한 화학 경로가 작동할 가능성은 높아졌다고 볼 수 있다.

엔켈라두스는 두꺼운 얼음 밑에 염분이 많은 행성 전체 규모의 바다가 있고, 곳에 따라 수심이 최대 약 10km에 이른다. 토성의 중력에 의해 수체가 비틀리며 데워지는 '조석 가열tidal heating' 때문에 남극의 '호랑이줄무늬' 균열에서 거대한 물기둥이 뿜어 나오고, 제임스 웹 우주망원경JWST은 이 기둥이 수천 km까지 뻗는 모습을 포착했다. 카시니 탐사선은 토성의 E고리를 지날 때 얼음 알갱이 속에서 여러 유기 분자와 아미노산의 전 단계 물질을 발견했으며, 최근에는 고속 충돌 덕분에 물 입자에 가려졌던 유기 신호를 따로 뽑아내는

● 엔켈라두스 남극 지역에서 분출되는 얼음 입자와 수증기 기둥. 지하 바다의 물질이 우주로 뿜어져 나가는 현상.
●● E고리E ring는 토성의 외곽을 둘러싼 희미한 고리로, 위성 엔켈라두스의 분출 기둥에서 방출된 얼음 입자들이 형성한 구조.

데 성공했다고 보고했다. 유럽우주국은 이 증거들을 바탕으로 2042년경 궤도선과 남극 착륙선을 보내는 후속 임무를 준비 중이다. 아직 결론 내리기엔 이르지만, 생명 신호를 확인하기 위해 엔켈라두스를 직접 탐사할 충분한 가치가 있다고 과학자들은 본다.

최근의 이 두 가지 사례는 '지구 밖 생명은 어디에서 왔고 우주에 얼마나 널리 퍼져 있는가'라는 질문을 관측으로 확인하려는 장기 프로젝트의 일부다. 고대에 상상과 호기심으로 그쳤던 다중 세계의 존재는 19세기에 망원경 관측을 통해 과학 문제로 바뀌었다. 1960년대에는 전파로 외계 지성을 찾는 세티SETI, 프로젝트 오즈마가 시작됐고, 1970년대에는 바이킹 탐사선이 화성 표면에서 직접 생명을 검출하는 실험이 수행되었다. 같은 시기에 보이저 1·2호는 골든 레코드 Voyager Golden Record●라는 음반에 지구의 소리와 인사를 담아 태양계를 넘어 보냈고, 심해 열수 분출공의 발견으로 빛이 없어도 에너지 순환이 가능한 서식처가 존재할 수 있다는 생각이 행성 탐사를 촉진시켰다. 1990년대에는 외계행성이 처음 확인되며 생명 탐색의 무대가 우주 전반으로 확대되었고, 남극에서 발견된 화성 운석 ALH84001을 둘러싼 논

●1977년 발사된 보이저 1·2호 탐사선에 실린 금도금 음반으로, 지구의 소리·음악·그림·인사말 등을 담아 외계 지성체에게 보내는 인류의 메시지로 제작되었다.

쟁은 생명 신호를 해석할 때 엄격할 필요성이 있음을 보여줬다. 2000~2010년대에는 카시니가 엔켈라두스 남극의 물기둥을 포착해 얼음 밑 바다와 수열 활동의 가능성을 높였고, 2009년에 발사된 케플러Kepler는 태양 이외의 별에서 생명이 거주할 가능성이 있는 수천 개의 외계행성을 찾아 '행성은 별보다 많다'는 통계를 세웠다. 2004년에 발사된 혜성 탐사선 로제타Rosetta는 혜성에서 다양한 유기물을 확인했고, 2012년에 화성에 착륙한 큐리오시티Curiosity는 화성에서 유기 분자와 계절성 메탄을 보고하며 생명의 거주 가능성 퍼즐을 하나씩 맞춰갔다.

2020년대에 들어서 대기 분광 연구가 본격화되었다. 논쟁적인 사례들도 있었지만 제임스 웹 우주망원경은 외계행성 대기의 분자를 정밀하게 읽을 수 있음을 보여줬다. 엔켈라두스에서 뿜어 나오는 거대한 물기둥과 인산염·복합 유기 물질의 흔적은 얼음 아래 바다에서 생화학 반응이 일어날 가능성을 높였다. 소행성에서 가져온 시료는 아미노산 같은 '생명의 재료'를 실험대 위에 직접 올려놓았다. 또 몇몇 외계행성에서는 대기 성분이 특이해 그 원인이 생물학적인지 아니면 지질학적인지 따져볼 필요가 생겼다. 아직 '결정적 증거'는 없지만, 생명이 깃들 수 있는 환경·유기물·에너지원이 함께 있을 법한 후보들이 점점 구체화되고 있다는 점이 중요하다.

다음 단계는 훨씬 더 직접적인 것이 될 것이다. 유로파 Europa Clipper와 목성권 탐사JUICE는 얼음 아래 바다의 지도를 더 정밀하게 그릴 예정이다. 타이탄의 드론 탐사Dragonfly는 현장에서 유기화학 실험을 하려고 한다. 더 먼 미래에는 차세대 우주망원경이 지구를 닮은 행성의 대기에서 '생명 신호'를 동시에 확인하려 한다. 한마디로, 지구 밖 생명 탐사는 철학적 호기심을 넘어서 행성과학·생명과학·공학이 함께 발전하는 장기 프로젝트다. 우리는 이제 '있을 법한 곳'을 골라 '확인 가능한 증거'로 다가가는 단계에 들어섰다.

지구 밖 생명 탐사를 통해 극한 환경에서 생명이 어디까지 버틸 수 있는지, 유기물이 어떻게 합성되는지 알게 되면 지구의 생태·기후·지질 순환도 더 잘 이해하게 된다. 또 물·에너지·유기물이 함께 있을 법한 곳을 탐사하게 되면 장기적으로 어느 행성에 생명체가 거주할 수 있는지 가늠할 수 있다. 이 과정에서 망원경·센서·데이터 분석 같은 기술이 크게 발전하고, 국제 협력이 축적되며, 결국 인류의 세계관까지 흔들 수 있는 변화가 뒤따른다.

2장

생명은 어디에서 오는가

파스퇴르가 보여준 것은 생명이 언제나 저절로 생기는 것이 아니라는 사실이지, 결코 우연히 생길 수 없음을 증명한 것은 아니다.

– 스탠리 밀러●

원시 지구에서 생명이 어떻게 비롯되었는가라는 의문은 상상의 영역에 속해 있었다. 1953년 대학원생이던 스탠리 밀러가 번개와 비슷한 방전 에너지를 사용하여 플라스크에서 생명을 이루는 생체 분자들이 생성될 수 있음을 보였다. 그는 처음으로 생명이 싹트던 원시 지구를 모사하여 화학적 진화가 일어났다는 사실을 실험으로 입증해 낸 것이다. 훗날, 린 마굴리스는 감탄했다. "22세의 젊은이 스탠리가 며칠

●Henahan, S., "From primordial soup to the prebiotic beach: An interview with exobiology pioneer, Dr. Stanley L. Miller", *Access Excellence*, 1996. https://www.urv.cat/html/consellsocial/PQDocent/CD%20LLibre%20Qualitat/material/cap7/Tema1/OriVida/Miller-Exobiology/EXOBIOLOGY.html

만에 실험실에서 아미노산들을 만들어낼 수 있었다면, 지구라는 실험실에서 천 년, 백만 년 동안 실험을 하면 생명이 만들어지지 않을까?"●

두 플라스크 이야기

생명이 어떻게 시작됐는가는 오래전부터 사람들의 궁금증을 자극해 왔다. 찰스 다윈 이전에는 대부분의 사람이 모든 종이 오래전에 신에 의해 만들어졌다고 믿었고, 19세기 전까지만 해도 생명이 없는 곳에서 새 생물이 저절로 생긴다고 생각했다. 미생물이 수프에서 생기고, 구더기가 고기에서 나오며, 심지어 쥐가 젖은 옷과 곡물에서 자연히 나타난다고 여겼다. 하지만 이런 믿음은 차츰 과학 실험으로 반박되었다.

이탈리아 의사 프란체스코 레디Francesco Redi, 1626~1697는 상한 고기에서 구더기가 왜 생기는지 조사했다. 그때는 냉장 시설이 없어 고기를 그냥 두었고, 많은 사람은 이것이 무생물에서 생명이 저절로 생긴 증거라고 믿었다. 레디는 신선한 고기 주변에 파리가 모이는 것을 관찰하고 구더기가 파

● 린 마굴리스, 《공생자 행성》, 이한음 옮김, 사이언스북스, 2007, 141쪽.

리와 관련 있다고 생각했다. 그는 파리가 고기에 접근하지 못하게 하면 구더기도 생기지 않을 것이라는 가설을 세웠다. 같은 고기를 두 병에 넣고 하나는 뚜껑을 열어 두고, 다른 하나는 거즈로 덮어 파리를 막았다. 며칠 뒤, 열린 병에는 구더기가 생겼지만 거즈로 덮인 병에는 생기지 않았다. 레디는 구더기가 고기에서 저절로 생기는 것이 아니라 파리 때문에 생긴다는 결론을 내렸고, 이 실험은 자연발생설을 뒤집는 중요한 계기가 되었다.

그 뒤 19세기 중반에 프랑스의 루이 파스퇴르와 영국의 존 틴들John Tyndall, 1820~1893은, 바깥의 미생물과 접촉하지 않는 한 멸균한 수프에서 새 생명이 생기지 않는다는 사실을 확인했다. 특히 파스퇴르는 미생물이 저절로 생긴다는 믿음을 끝낸 결정적 증거를 제시했다. 그는 '생명은 생명에서 나온다'라는 원리를 과학적으로 증명하기 위해 거위 목 플라스크를 고안해 실험했다.

먼저 플라스크에 영양 많은 수프를 넣고 끓여, 안에 있던 미생물과 포자를 모두 죽였다. 다음으로 플라스크 목을 길고 휘어진 거위 목처럼 구부렸다. 이렇게 하면 공기는 드나들 수 있지만 공기 속 먼지와 미생물은 목 부분에 걸려 수프에 닿지 못한다. 그 결과 시간이 오래 지나도 플라스크 속 수프에는 새 미생물이 전혀 생기지 않았다.

그러나 파스퇴르는 거기서 멈추지 않았다. 플라스크의 목을 부러뜨려 바깥 공기가 수프에 바로 닿게 했고, 곧 미생물이 들어와 수프를 빠르게 오염시키며 번식했다. 그는 미생물이 무생물에서 저절로 생기는 게 아니라 언제나 외부에서 들어와 생긴다는 걸 분명히 보여주었다.

이 실험은 자연발생설을 종식하고 생명 연구의 새 토대를 놓은 역사적 전환점이었다. 다만 최초의 생명이 어떻게 시작됐는지는 여전히 설명하지 못했다. 생화학자 스탠리 밀러도 파스퇴르가 증명한 것은 생명이 '항상' 저절로 생기지는 않는다는 사실이지, '절대로' 우연히 생길 수 없다는 뜻은 아니라고 평가했다.

원시 지구에 생명이 존재했다는 직접적 증거는 약 35억 년 전으로 추정되는 미생물 화석이다. 그렇다면 그보다 앞서 최초의 살아 있는 세포는 어떻게 나타났을까? 지질학과 물리학의 실험과 관찰을 바탕으로, 과학자들은 지구의 화학적·물리적 과정이 몇 가지 단계를 거쳐 아주 단순한 세포로 이어졌으리라는 하나의 각본을 제안한다. 먼저 아미노산이나 질소를 포함한 염기 같은 작은 유기 분자가 무기물에서 스스로 합성된다. 이어 이 작은 분자들이 이어져 단백질과 핵산 같은 거대분자로 자라난다. 그런 다음 분자들은 안팎을 구분하고 내부의 화학을 따로 유지할 수 있는 막 속에 모여, 작은 방울 형태의 원시세포를 이룬다. 마지막으로 스스로를 복제할 수 있는 분자가 등장하면서 유전이 가능해지고, 비로소 생명이라 부를 수 있는 체계가 성립한다. 비록 추론이지만 이 각본에 따라 실험실에서 검출할 수 있는 예측을 할 수 있다. 각 단계에 따른 증거를 살펴보자.

1920년대에 러시아의 오파린Aleksandr Ivanovich Oparin, 1894~1980과 영국의 홀데인John Burdon Sanderson Haldane, 1892~1964은 지구의 원시 대기가 산소와 결합하지 않은 환원성 성분으로 구성되었으며, 번개나 자외선이 에너지원이 되어 단순한 분자로부터 유기물이 합성될 수 있었다는 가설을 제안했다. 홀데인은 원시 바다가 유기물로 가득한 '원시 수프'였다고 보았다.

1953년에 시카고대학교의 대학원생이었던 스탠리 밀러는 지도교수 해럴드 유리와 함께 이러한 가설을 실험으로 검증했다. 밀러는 수증기 상태의 물과 메탄, 암모니아, 수소를 채운 플라스크에 전류를 흘려 번개를 모방했고, 방전으로 생긴 에너지가 지구의 초기 대기에 있었던 것으로 생각되는 분자들을 반응시켰다. 수증기 속에 들어 있는 이런 반응물들을 냉각시키면 미지의 분자들은 용액에 녹아들게 된다. 그 결과 며칠 후 오늘날 생물체에서 발견되는 단백질의 구성 요소인 아미노산과 다른 유기화합물이 포함된 갈색 용액을 얻을 수 있었다. 이는 생명의 기원을 실험적으로 설명할 수 있는 최초의 사례였다.

하지만 초기 대기가 주로 질소와 이산화탄소로 구성되었으며, 환원성도 산화성(전자를 제거하는)도 아니었을 것이라는 증거도 있다. 최근 메탄CH_4, 암모니아NH_3, 일산화탄소CO, 이산화탄소CO_2, 질소N_2와 같은 중성 대기를 이용한 실험에서도 역시 유기 분자가 만들어졌다. 또한 화산 분화구 근처와 같은 초기 대기 중의 일부는 환원성이었을 것이다. 이 가설을 검증하기 위한 2008년 시험에서 연구자들은 밀러가 그의 실험에서 얻어 저장해 두었던 분자들을 현대적인 장비로 재분석했다. 이런 다양한 조건에서 반복된 실험들은 유기 분자가 실제로 생성될 수 있음을 거듭 보여주었다.●

흥미롭게도 신유물론자인 캐런 바라드Karen Barad, 1956~는 밀러-유리의 플라스크 실험으로부터 무생물에서 생명을 불러내는 번개의 행위성을 찾아냈다.

●2021년 말, 유럽 과학자들은 밀러의 실험에서 유기물을 만들어낼 수 있었던 또 다른 요인을 밝혀냈다. 스페인 국립연구위원회와 이탈리아 투시아대학교 공동 연구진은 "밀러 실험에 사용된 플라스크가 실험 결과에 중요한 역할을 했다"고 발표했다. 플라스크 표면이 알칼리성 조건에서 약간 용해되고, 용액으로 방출된 이산화규소가 촉매로 작용해 유기물질 합성을 가속화하는 역할을 했던 것이다. 이 과정에서 붕규산 유리 플라스크에서는 알라닌, 발린, 류신 등을 비롯해 카르복실산, 알킬 아민, 방향족 유도체 등 56종의 생물체 구성 물질이 더 많이 생성되었다. 그리고 단일 가닥의 RNA와 이중 가닥의 DNA를 구성하는 재료 아데닌, 구아닌, 시토신, 우라실, 티민 등 5대 핵염기 합성이 확인되기도 했다. 지구 지각은 90% 이상 규산염으로 구성됐다. 광물도 주로 이산화규소를 포함한다. 이는 초기 지구의 환원성 대기 기체가 반응해 원시세포 전구체가 되는 물질을 만드는 데 지각을 이루는 규산염 광물이 기여했을 가능성을 시사한다.

생명이 없는 물질을 충격해 생명으로 이끈다는 생각은 우리에게 질문을 던진다. 우리는 왜 물질을 처음부터 '무생명'으로만 보았을까?

번개는 기원의 감각을 뒤흔든다. 불확실함과 확실함이 맞부딪히는 생동하는 놀이이며, 자아와 타자, 과거와 미래, 삶과 죽음의 문제를 동시에 흔든다. 번개는 우리의 상상과 몸에 에너지를 불어넣는다. 만약 번개가 삶과 죽음의 경계에 활력을 더하고, 생물과 무생물의 가느다란 경계 위에 선 존재라면, 때로는 이쪽으로 때로는 저쪽으로 그 경계를 스며들 듯 가로지른다고 볼 수도 있지 않은가?●

번개와 같은 물리적 현상은 생명의 탄생을 가능케 한 촉매였으며, 과학과 상상 속에서 여전히 생명의 기원을 탐구하게 하는 상징적 이미지로 남아 있다. 과학적 차원에서 번개는 생명의 물질적 기원에 대한 가설과 실험의 핵심 요소로 등장한다. 스탠리 밀러의 플라스크 실험이 보여주듯, 번개는 원시 지구의 대기 속 무기물에 에너지를 제공하여 아미노산과 같은 유기 분자가 형성될 수 있음을 입증하는 결정적 도구였

●Barad, K., "Troubling time/s and ecologies of nothingness: Re-turning, re-membering, and facing the incalculable", *New Formations* 92(93), 2017, pp. 56-89. 저자 번역.

다. 이는 "생명은 화학적·물리적 조건 속에서 우연히 시작될 수 있다"라는 과학적 설명을 가능하게 했다. 즉, 번개는 생명의 출현을 실험실에서 재현하는 장치로서 과학적 증거의 일부가 되었다.

그러나 동시에 상상력의 차원에서 번개는 언제나 생명 탄생의 신비와 경이로움을 환기시켜 왔다. 고전 영화 〈프랑켄슈타인〉(1931)이나 〈골렘〉(1920)에서처럼 번개는 무생물에 생명을 불어넣는 상징적 장치였으며, 인간이 생명을 소환하는 힘을 상상할 때 가장 먼저 떠올리는 이미지였다. 번개는 눈부시게 스치는 빛으로 우리의 기억과 감각을 흔들고, 생명과 죽음, 무생물과 생물의 경계를 전율 속에서 가시화한다. 따라서 번개는 과학과 상상력의 교차로에 서 있다. 과학은 번개를 실험적으로 모방하고, 상상력은 그것을 신화와 예술 속에서 증폭시킨다. 번개는 자연현상이면서 동시에 생명의 기원을 과학적으로 검증하고 이야기로 풀어내는 통로다. 그것은 언제나 있을 법한 우연과, 되풀이되어 나타나는 신비 사이를 오가며 우리가 세계를 이해하는 두 길, 즉 실험과 상상을 함께 이끈다.

생명의 출현과 관련한 파스퇴르의 플라스크와 밀러의 플라스크는 마치 서로 다른 세계를 대표하는 《두 도시 이야기 A Tale of Two Cities》(1859)* 속 런던과 파리처럼 대비되면서도 묘하게 연결되어 있다. 파스퇴르의 플라스크는 닫혀 있는 세계, 생명이 저절로 솟아나는지의 문제를 향한 의문을 품은 공간이었다. 그는 백조의 목처럼 휘어진 긴 목 플라스크 속에서 수프가 썩지 않는다는 사실을 통해 생명은 공기 중에 흩어진 미생물이 들어와야만 나타난다고 주장했다. 그 플라스크는 생명 속생설의 도시, 생명은 생명으로부터만 이어진다는 원리를 지켜내는 성벽과 같았다. 그 안에서는 무에서 유가 태어나지 않는다. 파스퇴르의 플라스크는 '생명은 언제나 생명으로부터'라는 엄숙한 선언을 담고 있었다.

반면 스탠리 밀러의 플라스크는 열려 있는 세계, 아직 태어나지 않은 생명을 향한 실험적 상상력의 무대였다. 그 안에는 물, 메탄, 암모니아, 수소가 들어 있었고, 번개를 흉내 낸 전류가 흘러들었다. 시간이 지나자 그 갈색 용액 속에는 단백질의 기본 재료인 아미노산이 생겨났다. 밀러의 플라스크는 생명의 무생물적 기원을 상상하는 도시, 생명이 화학적 과정과 물리적 조건 속에서 자연스럽게 태어날 수 있다는 희망을 품은 광장이었다. 파스퇴르의 플라스크가 '생명은 우연히 솟지 않는다'라는 교훈을 전한다면, 밀러의 플라스크는

● 프랑스혁명을 시대적 배경으로 한 찰스 디킨스 Charles John Huffam Dickens, 1812~1870의 역사 소설로, 이성과 질서의 런던과 열정과 피의 파리를 병치시켜 서로 다른 시대정신이 결국 희생과 구원의 한 장면으로 맞물리는 과정을 그린다. 정반대의 세계가 서로를 비추며 새로운 의미를 낳는 이 구조는, 생명이라는 주제를 둘러싼 파스퇴르와 밀러의 두 플라스크—'닫힌 질서'와 '열린 생성'의 대비—와도 닮아 있다.

'그러나 생명은 한때 그렇게 솟아날 수 있었다'라는 가능성을 암시한다.

두 플라스크는 닮은 점도 많다. 둘 다 유리의 경계 안에서 세계를 축소해 재현했고, 관찰할 수 있는 증거를 통해 가설을 시험했다. 둘 다 '보이지 않는 것'을 보여주는 장치였으며, 과학적 상상력과 검증이 어떻게 만나는지를 보여준다. 그러나 이들이 지향한 바는 달랐다. 파스퇴르의 플라스크는 닫힘을 통해 외부를 차단하며 생명의 속성을 드러냈고, 밀러의 플라스크는 열림을 통해 외부 에너지와의 접촉을 재현하며 생명의 기원을 탐색했다. 하나는 우연의 불가능성을 증명했고, 다른 하나는 있을 법한 우연을 실험했다.

이 두 플라스크 이야기는 결국 같은 질문을 다른 방식으로 응시한다. 생명은 어디서 오는가? 파스퇴르는 과거의 오해를 종결시키는 쪽에서 답했고, 밀러는 아직 열리지 않은 문을 두드리는 쪽에서 답했다. 두 플라스크는 서로 다른 도시의 문화를 대표하면서도, 과학이라는 거대한 제국 안에서 서로의 존재를 반사하며 오늘날 우리가 '생명의 기원'이라는 이야기를 쓰도록 도와준다.

생명의 요람

 원시 지구의 에너지원은 실험실보다 훨씬 다양하고 거칠었다. 화산은 이산화탄소·메탄·암모니아 같은 기체를 내뿜었고, 화산재 구름 속에서는 번개가 자주 쳤다. 오존층이 없던 때라 자외선이 대기와 바닷물에 직접 에너지를 주었고, 심해 열수구에서는 높은 온도와 압력, 황화수소와 금속 이온, 광물 촉매가 함께 작용해 특별한 반응이 일어났다. 지구 곳곳이 온도·압력·화학 성분이 서로 다른 조합을 이루며 '실험 조건'을 계속 바꿔주는 수백만 개의 자연 실험실이었다.

 이러한 환경에서 어떤 분자들이 먼저 나타났을까. 단백질의 재료인 아미노산, 유전물질의 글자와 설계도 역할을 하는 뉴클레오티드(당과 인산에 푸린·피리미딘 염기가 붙은 것), 스스로 작은 주머니(소포)를 만들어 경계를 만드는 지방산, 그리고 단순 당이 유력한 초기 산물로 꼽힌다. 특히 지방산은 물속에서 저절로 소포를 만들어 '안과 밖'을 나누는 원시 막의 모습을 보여준다. 하지만 만들어지는 것만큼 중요한 건 '유지되는 것'이다. 넓은 바다에서 유기 분자는 금세 희석되고 열과 자외선에 쉽게 깨진다. 그래서 이를 모으고 지켜주는 농축과 보호 메커니즘이 필요했다.

 그 일은 다양한 환경에서 일어났다. 바닷가의 조수 웅덩이는 물이 증발하면서 용질을 진하게 모아주었고, 점토 같은 광물 표면은 분자를 서로 가까이 붙잡아 두어 이들을 이어 붙이는 반응을 도왔다. 얼음도 뜻밖의 도움을 줬다. 차가우면 분해가 느려지고, 얼음 속 작은 소금 주머니가 분자들을 높은 농도로 가둬 반응이 잘 일어나게 했다. 심해 열수구의 구멍 많은 광물 벽은 아주 작은 칸막이와 전기화학적 기울기를 만들어, 단순한 분자들이 더 긴 사슬, 즉 생체 분자인 짧은 펩티드나 RNA 조각으로 이어질 발판이 되었다.

하늘에서 온 재료도 있었다. 1969년 호주 머치슨에 떨어진 머치슨 운석Murchison meteorite 같은 오래된 탄소질 운석에서 아미노산과 뉴클레오티드의 전 단계 물질이 발견되었다는 보고는, 지구 밖에서도 이 초기 화학 과정에 재료를 보탰음을 보여준다. 지구에서 만들어진 성분과 우주에서 날아온 성분이 바다에서 섞이며 오히려 더 다양한 화학 조합이 가능해졌다.

요컨대, 지구가 식어 바다가 생겼다는 말은 그냥 물이 고였다는 뜻이 아니다. 비와 얼음, 화산과 번개, 자외선과 광물 표면이 한꺼번에 작동한 거대한 화학 연주가 시작됐다는 뜻이다. 약 40억 년 전 이 연주는 아미노산, 뉴클레오티드, 지방산, 단순 당 같은 기본 성분을 차례로 만들어냈고, 바다는 이를 흩어지지 않게 모으고 지켜 다음 단계를 준비했다. 원시 바다는 단순한 물웅덩이가 아니라 끊임없이 반응이 일어나고 경계가 싹트는 생명의 화학 요람이었다. 그 위에서 언젠가 스스로 복제하고 유지하며 진화할 수 있는 회로가 조용하지만 필연적으로 방향을 잡아가기 시작했다.

원시 바다가 화학의 요람이 된 뒤 상황은 한층 복잡해졌다. 여기저기 흩어져 있던 아미노산·염기·지방산 같은 조각들이 스스로 자기조립되기 시작했다. 이 과정에서 미리 주어진 설계도 같은 것은 없다. 광물 표면, 밀물과 썰물, 심해 열수구 같은 지구의 리듬과 표면, 기울기가 설계자이자 장인의 역할을 대신했다.

먼저, 점토나 황철광 같은 광물이 분자들을 붙잡아 줄 세우고 가까이 밀착시켜 응축 반응을 돕는다. 해안이나 온천 가장자리에선 밀물·썰물과 증발이 반복되며 물이 잠깐 마를 때 물 분자가 빠져나와 분자들의 결합이 더 촉진되면서 짧은 펩티드와 올리고뉴클레오티드(뉴클레오티드가 여러 개 연결된 것)의 길이가 더욱 늘어난다. 알칼리성 열수구의 벌집 같은 미세한 구멍들은 pH(산성/알칼리성 지표)·온도·이온의 차이를 만들고 금속-황 촉매가 반응의 불씨를 지핀다. 그 결과 같은 장소에서 짧은 펩티드, 지방산으로 된 소포, 몇 개에서 수십 개에 이르는 염기를 갖는 짧은 RNA 조각이 함께 생겨났을 가능성이 커진다.

생명이 출현한 무대에서 무엇이 먼저 일어났는지를 두고 과학계에서는 오랫동안 두 가지 이야기가 팽팽하게 맞서왔다. 그중 하나는 대사가 먼저 일어났다는 이야기다. 심해 열수공에서 수소는 전자를 내놓는 쪽, 이산화탄소는 전자를 받는 쪽이 되고, 금속-황 광물과 티오에스테르thioester 같은 반응에너지 전달체의 도움으로 탄소와 탄소가 자연스럽게 결합된다고 본다. 오늘날의 아세틸-CoA 경로를 연상케 하는 원시 합성 공정이 지질학적 기울기 위에서 돌아가고, 알칼리성 열수공에서 자연적으로 나타나는 pH 차이는 훗날 세포가 활용하게 되는 양성자 기울기의 원형이 되었을 것이라 말한다. 이 관점의 요지는 단순하다. 복제 분자(유전자)가 없어도 환경-광물-에너지의 결합이 자기 촉진적 반응망을 만들고 유지될 수 있었다는 것, 나중에 복제 분자가 이런 반응망에 올라타 함께 진화했을 수 있다는 것이다.

3장

무엇이 생명을 만들어냈는가

생명의 기원 이론들의 이름에는 하나같이 "~ 먼저first'란 말이 붙는다. 마치 그 기원이 더 이상의 관련된 앞선 과정을 필요로 하지 않는 듯이 말이다. 'DNA 먼저', 'RNA 먼저', '단백질 먼저', '대사 먼저', '지질 먼저' 등등. 현재 대부분의 생물학자들이 동의하는 바는 화학적 혹은 광물적 대사가 단백질과 RNA에 앞섰고, 이들 모두가 DNA보다 앞섰다는 점이다. 문제는 어떤 실험도 RNA로부터 DNA를, 단백질로부터 RNA를, 혹은 화학적 대사로부터 RNA를 만들어낸 적이 없다는 것이다.

– 토마스 네일Thomas Nail, 1981~ ●

원시 지구에서 생성된 아미노산과 질소 함유 염기 같은 작은 유기 분자의 존재만으로는 생명이 출현하기에 충분하지 못하다. 모든 세포에는 효소, 여타 단백질, 그리고 자기 복제에 필수적인 핵산 등 매우 다양한 종류의 거대 생체 분자가 있다. 특정한 환경에서 만들어진 이런 생체 분자들은 물 분자와의 상호 행위성으로 특정한 기능을 갖는 구조를 만들게 되었다. 자기 복제 능력을 갖는 원시세포는 살아 있는 모든 세포의 공통 조상이 되었다. 청사진은 없지만 오직 끊임없이 짜여지는 무늬 속에서 물질은 마침내 생명의 길을 찾게 된

● Nail, T., *Theory of the Earth*, Stanford University Press, 2021, p. 121. 저자 번역.

것이다.

물: 생명을 끌어내는 지휘자

달의 물, '월수月水'를 기억하는가. 넷플릭스 드라마 <고요의 바다>(2021)에서 월수는 혈액과 섞이면 스스로 나뉘고 번식할 수 있는 물이다. 김환석 교수의 언급●에 따르면, 월수는 바이러스와도 닮은 번식능력을 지닌, 생명과 무생물의 경계를 가로지르는 물질적 힘으로 등장한다. 이 지점에서 철학자 미셸 세르Michel Serres, 1930~2019의 '준객체quasi-object' 개념이 겹쳐진다. 세르는 축구장의 공을 예로 들었다. 공이 움직이는 순간 선수들은 그 궤적을 지향하며 배치되고, 잔디의 길이, 습도, 바람, 공의 재질 같은 비인간적 요인이 함께 경기의 질서를 짠다. 공은 단순한 사물이 아니라 관계의 메신저다. 더구나 그것은 언제든 예측을 배반한다. 엉뚱한 곳으로 튀고, 뜻밖의 스핀을 만들며, 그 배반성마저 포함해 사회적 결속을 구체화하고 시간의 흐름을 느리게—안정화된 질서로—만들어낸다.

월수는 바로 그런 준객체다. 그것은 등장인물 사이에 새로

●김환석, '신유물론연구회' 단톡방, 2022.1.3.

운 연결을 만들고, 인간의 선택과 움직임을 재배열하며, 사건의 흐름을 예기치 않은 궤도로 이끈다. 공이 경기를 조직하듯, 월수는 이야기를 조직한다.

사실 월수가 아니어도 물은 원래부터 준객체로 작동해 왔다. 분자 규모에서 생태계의 호흡에 이르기까지, 물은 관계를 엮고 구조를 세우는 행위자다. 그래서 물은 생명의 "mater et matrix"—어머니이자 모체라 불린다. 물이 없는 세계에서 생명의 개막은 불가능했고, 물이 깔아놓은 무대 위에서 생화학반응은 비로소 시작되었다. 화성에서 물의 흔적을 찾는 일이 곧 생명의 가능성을 찾는 일과 맞닿아 있는 이유가 여기에 있다.

그 힘의 비밀은 물의 전기음성도 차에서 비롯된 극성과, 그로부터 파생되는 수소결합에 있다. 산소나 질소처럼 전자를 강하게 끌어당기는 원자는 탄소나 수소와 결합할 때 전자의 분포를 비대칭으로 만든다. 물의 O—H 결합이 대표적이다. 산소는 더 많은 전자를 자신 쪽에 머물게 하고, 그 결과 분자 안에는 $\delta-$와 $\delta+$이라는 부분 전하가 생겨난다. 여기에 물의 굽은 결합각(약 104.3°)이 더해지면, 전하의 비대칭은 상쇄되지 않고 분자 전체가 뚜렷한 쌍극자로 남는다. 약한 양전하를 띤 수소는 주변의 음전하 원자와 순간적인 끌림—수소결합—을 만들고, 이 결합은 끊어졌다 다시 맺히기를 쉼 없이 반복하며 거대한 네트워크를 이룬다. 각각은 찰나지만,

집합적으로는 견고한 질서를 이루는 셈이다.

이 네트워크는 물을 단순한 액체에서 생명의 조율자로 바꾼다. 물은 응집력으로 스스로를 묶어 식물체의 물기둥을 지탱하고, 높은 비열과 기화열로 행성의 기온과 몸의 체온을 완충한다. 4℃ 이하에서의 동결팽창은 얼음을 물 위에 띄워 겨울에도 수중 생태계를 보호한다. 또 강력한 용매성은 이온과 극성분자를 풀어 화학반응의 무대를 연다. 물은 배경이 아니라, 생명의 서사 전반을 통솔하는 보이지 않는 행위자다.

극성 결합—분자에 새겨진 비대칭의 문법

전자가 균등하게 공유될 때 결합은 비극성이지만, 전기음성도의 차가 생기면 전자는 더 강한 끌림을 지닌 원자 쪽으로 기운다. 물의 O—H 결합에서 산소는 전자를 더 끌어당겨 부분 전하의 비대칭을 만든다. 다만 극성 결합이 이루어졌다고 해서 모두 극성 '분자'가 되는 것은 아니다. 이산화탄소처럼 직선형 구조에서는 양쪽의 끌림이 상쇄되어 전체는 비극성으로 남는다. 물은 다르다. 굽은 구조 탓에 상쇄가 일어나지 않아 분자 전체가 쌍극자가 되고, 수소는 주변의 음전하와 수소결합을 맺는다. 이 느슨하지만 끊임없이 재편되는 결합망이 물을 고도로 조직화된 상태로 유지시킨다.

응집—보이지 않는 끌림의 기술

액체 속 물분자들은 동시에 3~4개의 수소결합으로 서로를 붙든다. 이 응집은 식물의 수송계를 가능케 한다. 잎에서 증발이 시작되면, 떠나는 물분자가 아래 분자를 끌어 올리고, 그 연쇄가 물관을 따라 뿌리까지 이어진다. 세포벽과의 흡착은 이 기둥을 보조해 흐름을 끊기지 않게 한다. 표면장력 또한 응집의 얼굴이다. 물 표면은 보이지 않는 막처럼 버티고, 소금쟁이는 그 탄력 위를 걷는다. 고양이가 혀끝으로 순식간에 물기둥을 세워 삼키는 동작 역시, 이 응집성과 쌍극자 구조가 만들어낸 정교한 물리학의 묘기다.

온도 조절—행성과 몸을 안정화하는 열의 관리자

물은 높은 비열 덕에 적은 온도 변화로 많은 열을 흡수·방출한다. 가해진 열의 상당 부분이 먼저 수소결합을 끊는 데 쓰이기 때문이다. 반대로 식을 때는 결합이 재형성되며 열을 되돌려 준다. 그 결과 바다는 낮과 계절의 극단을 완충하고, 해안은 온화해지며, 세포 내부의 반응은 외부 변동 속에서도 질서를 유지한다. 물은 지구적 규모와 세포적 규모를 동시에 조율하는 열의 저수지다.

기화 냉각—증발이 설계한 냉방 장치

기체로 도약하려면 결합의 그물을 끊어야 하기에 물의 기화열은 유난히 크다. 적도 바다에서 흡수된 열의 상당 부분은 증발로 저장되고, 대기 순환을 타고 이동한 뒤 응축하며 방출된다. 이 거대한 열의 재분배는 기후를 안정화한다. 표면에서는 가장 뜨거운 분자들이 먼저 떠나며 남은 액체가 식는다. 식물의 증산, 인간의 땀은 이 원리를 이용한 정교한 냉각 메커니즘이다. 습도가 높으면 증발이 방해되어 불쾌지수가 치솟는 이유도 여기에 있다.

얼음의 부력―생태계를 지키는 단열막

0°C에서 물 분자는 네 이웃과 수소결합을 이루는 개방적 격자를 만든다. 이 구조는 분자들을 일정한 간격으로 벌려 부피를 늘리고 밀도를 낮춘다. 그 결과 얼음은 물 위에 뜨고, 표면의 얼음층은 단열막이 되어 심층을 액체로 남긴다. 만약 얼음이 가라앉았다면 호수와 바다는 밑바닥부터 얼어붙었을 것이고, 물속 생명은 피할 곳을 잃었을 것이다. 얼음의 부력은 겨울을 건너는 생명에게 주어진 가장 큰 안전장치다.

생명의 용매―관계를 조직하는 연출자

물은 극성 덕분에 이온과 극성분자를 감싸 수화껍질 hydration shell을 만들고, 결합을 풀어 분산시킨다. 소금 결정이 물에 녹는 과정은 그 전형이다. 비이온성 극성분자(설탕 등)도 –OH, –C=O 같은 부위로 수소결합을 맺어 풀린다. 단백질처럼 큰 분자도 표면의 극성 패턴에 따라 물과 상호작용하며 안정적으로 부유한다. 물은 단지 섞는 그릇이 아니라, 분자의 성질을 읽어 자신의 수소결합 네트워크를 재배치하며 반응의 장면을 연출하는 감독이다.

친수성과 소수성―경계와 구조를 세우는 대화

물에 끌리는 친수성, 물을 회피하는 소수성의 대비는 세포 구조의 핵심 원리다. 셀룰로오스처럼 거대하지만 친수성인 물질은 물과 수소결합을 이루어 물을 붙잡고, 이는 식물의 수송을 돕는다. 반대로 비극성 공유결합으로 이뤄진 소수성 분자들은 물을 피하며 서로 모여 인지질 이중막을 만든다. 세포막은 바로 이 상반된 성질의 협력으로 세워진 경계다.

산과 염기―균형과 전환의 미세한 지렛대

물은 스스로 H^+를 건네고 받으며 H_3O^+와 OH^+를 만든다. 순수한 물에서 이 해리는 드물지만, 두 이온의 반응성은 매우 커서 농도의 작은 변동이 곧장 단백질의 접힘과 효소 작용을 흔든다. 산과 염기의 유입은 이 섬세한 균형을 바꾸고, 생명의 화학은 그 작은 기울기에 응답한다.

효소 반응 속 물―마지막 음을 붙이는 연주자

하나의 예로 든 키모트립신의 촉매 주기에서 세린은 친핵체로, 히스티딘은 염기·산으로 번갈아 역할을 수행한다. 그러나 반응의 완결은 물의 등장으로 이루어진다. 탈아실화 단계에서 히스티딘과 수소결합한 물은 활성화되어 아실-효소 결합을 공격하고, 사면체형 중간체를 거쳐 생성물을 방출한다. 물은 용매가 아니라 결박을 끊는 최종 주체, 반응을 성사시키는 숨은 연주자다.

이렇게 보면, 물은 언제나 장면의 한가운데 서 있다. 준객체로서 관계를 매개하고, 분자적 비대칭을 질서로 바꾸며, 응집과 증발, 동결과 용해, 용해와 배척의 대화를 통해 생명의 무대를 끝없이 다시 연출한다. <고요의 바다>의 월수가 픽션 속에서 관계를 조직하는 공이었다면, 현실에서 그 역할을 수행해 온 것은 다름 아닌 물 그 자체였다.

단백질: 생명의 연주자

생명의 토대는 단순한 원자에 있지 않다. 그것은 원자들이 손을 맞잡고 새로운 질서를 세운 분자적 집합체 속에 있다. 그 가운데 단백질은 오늘날 모든 생명현상의 중심 무대에 선 주역이다. 그것은 단백질이 단순히 거대한 분자가 아니라, 그 자체로 다른 어떤 물질도 흉내 낼 수 없는 화학적 성질을 구현하기 때문이다. 단백질은 단순한 물질적 기반을 넘어 생명의 가능성이 실현되는 무대 자체가 된다. 세포 속에서 단백질은 촉매가 되고, 구조가 되며, 신호와 방어의 언어가 된다. 그렇다면 원시 지구에서 막 태어난 단백질의 역할은 오늘날 세포 속에서 단백질이 보여주는 것과 크게 다르지 않았을 것이다. 효소로서 화학반응을 촉진하거나, 구조적 요소로서 세포를 지탱하는 일—이것은 초기 단백질도 수행했으리라 짐작된다. 사실상 생명현상의 대부분은 단백질을 통해서 나타난다. 그렇다면 원시 지구에서 이러한 기능적인 분자가 어떻게 생겨날 수 있었을까? 이 질문은 생명 발생의 가장 매혹적인 퍼즐 가운데 하나다.

아미노산—단백질의 구성단위

단백질의 구성단위인 아미노산은 원시 지구의 다양한 무대에서 태어날 수 있었다. 밀러-유리 실험은 원시 대기와 번개가 어우러진 조건에서 아미노산이 저절로 합성될 수 있음을 보여주었다. 화산, 심해 열수구, 운석 충돌—그 모든 곳에서 아미노산의 씨앗은 생겨날 수 있었다.

단백질은 아미노산이라는 작은 구성단위가 선형의 사슬로 이어져 형성된다. 아미노산은 한쪽 끝에 아미노기, 다른 쪽 끝에 카복실기를 지니고 있어 서로 만나면 물 한 분자가 떨어져 나가며 결합한다. 이것이 펩티드 결합이다. 이 결합이 반복되면 수십, 수백 개의 아미노산이 이어져 폴리펩티드라는 사슬이 된다.

아미노산의 중합과 단백질의 원시적 기능

아미노산의 중합은 단순한 연결이 아니라 생명의 자기조직화 과정의 첫걸음이었다. 아미노산 분자들이 단백질 사슬을 형성하는 순간, 그 안에는 배열의 순서라는 새로운 차원이 나타난다. 각 아미노산은 친수성·소수성·전하·크기라는 고유한 성질을 지니고 있어, 배열의 순서에 따라 사슬의 성격이 달라진다. 소수성 아미노산은 물을 피해 안으로 접히려 하고, 친수성 아미노산은 물을 향해 밖으로 드러나려 한다.

흥미로운 점은 원시 단백질의 배열 순서가 규칙이 없이 정해진 것은 아니었다는 사실이다. 아미노산들이 어떻게 배열되는지를 살펴보면, 글리신 다음에 다시 글리신이 이어질 확률, 글리신 뒤에 알라닌이 결합할 확률, 그리고 글리신 뒤에 류신이 붙을 확률이 각각 약 1 : 0.8 : 0.5라는 비율로 나타난다. 놀라운 것은, 오늘날 생명체 속 단백질에서도 이 비율이 1 : 0.7 : 0.3으로 거의 유사하게 나타난다는 점이다.

아미노산의 배열순서 결정은 순수하게 무작위적인 것이 아니라 일단 한 아미노산이 존재하면 그다음 아미노산이 붙을 가능성이 영향을 받는다. 무작위적인 것도 아니고 그렇다고 해서 전적으로 결정된 방식도 아닌 이런 방식을 토마스 네일은 '방행성pedesis'이라고 불렀다. 이러한 경향은 무작위라서 예측하기 어려운 것이 아니라, 모든 다른 운동들과 너무 얽혀 있기 때문에 예측하기 어려운 것이다. 흩어져 있던 작은 분자들이 방행적으로 연결되었고, 그 연결이 다시 구조와 기능을 낳았으며 이 과정이 반복되며 분자의 집합은 점점 더 정교해졌다. 다시 말해, 단백질은 태초부터 무작위적 결합이 아니라 환경과 대화하며 안정된 구조를 스스로 찾아내는 존재가 된 것이다. 이것은 곧 생명체가 훗날 보여줄 형태적 질서의 원형이었다.

원시 단백질의 소박하지만 의미 있는 기능

초기의 단백질은 오늘날 효소처럼 정밀하지 않았다. 그러나 그 단순함 속에서도 의미 있는 역할을 수행했을 것이다. 일부 펩티드는 금속 이온과 결합해 반응을 촉진했을 수도 있다. 어떤 사슬은 물과 기름 사이에서 다리를 놓으며 원시적인 계면활성제의 역할을 했을지도 모른다. 또 다른 사슬은 안정적인 표면을 제공해, 다른 분자들이 모이고 반응할 수 있는 무대를 마련했을 것이다.

이러한 기능은 미약했지만, 무대는 이미 열려 있었다. 원시 단백질은 정밀한 도구라기보다는 화학반응이 일어날 수 있는 배경과 발판이었다. 이러한 작은 시도들이 축적되고 선택되면서 마침내 오늘날의 효소가 갖는 정밀성과 생체 구조의 복잡성이 진화할 수 있었다.

핵산: DNA와 RNA로 이루어진 악보

핵산의 중합과 자기복제 가능성

만약 단백질이 생명의 '연주자'라면, 핵산은 그 연주를 기록하고 다시 불러낼 수 있는 악보였다. 오늘날의 모든 생명은 DNA와 RNA라는 두 갈래의 핵산에 의존해 유전정보를 저장하고, 전달하며, 발현한다. 그러나 생명이 처음 무대에 올랐을 때 이 정교한 체계는 어디에서 비롯되었을까? 단순한 뉴클레오티드가 모여 긴 사슬을 이루고 그 사슬이 스스로를 복제할 수 있었던 가능성을 탐구하는 일은, 생명의 기원을 해명하는 데 있어 가장 심오한 과제다.

뉴클레오티드—정보의 글자

핵산의 기본 단위는 질소 염기, 오탄당, 인산기라는 세 구성요소가 결합해 만들어진 뉴클레오티드다. 네 가지 질소 염기(A, U, G, C 혹은 A, T, G, C)는 각각 다른 문자가 되어 정보를 표현한다. 이 작은 글자가 길게 이어질 때 수많은 조합이 가능해지고, 그 안에서 엄청난 정보가 암호화될 수 있다.

초기 지구에서 이 단위들이 어떻게 태어났는지는 여전히

논쟁적이다. 어떤 학자들은 화산의 분출구나 심해 열수구에서 단순한 전구체가 결합하며 합성되었을 가능성을 말한다. 또 다른 이들은 운석을 통해 이미 합성된 뉴클레오티드가 지구에 공급되었다고 본다. 어느 쪽이든 중요한 것은 이 작은 글자들이 물과 광물의 도움을 받아 점차 연결되며 긴 문장, 곧 핵산 사슬을 만들었다는 사실이다.

중합—정보의 사슬

핵산은 단순히 정보를 저장하는 수동적 기록자가 아니다. 이미 초기 실험들은 그것이 스스로의 구조와 배열 속에서 선택과 제약, 그리고 가능성을 조직하는 능동적 행위성을 지니고 있음을 보여준다.

오겔Leslie E. Orgel, 1927~2007의 연구는 중요한 단서를 남겼다. 그는 G와 C가 풍부한 폴리뉴클레오티드가 다른 조성을 갖는 폴리뉴클레오티드보다 훨씬 긴 서열을 형성할 수 있다는 사실을 밝혔다. 이어서 아이겐Manfred Eigen, 1927~2019과 푀르슈케Rainer Pörschke, 1940~는 이를 정량화하여, G와 C가 풍부한 서열은 100개에 가까운 뉴클레오티드까지 안정적으로 이어질 수 있는 반면, A와 U가 풍부한 서열은 불과 10개 남짓에서 한계를 드러낸다고 보고했다. 오늘날의 tRNA가 50~80개의 뉴클레오티드로 이루어져 있다는 사실을 고려하면, 이러한 결과는 우연이라 보기 어렵다. 아이겐은 따라서 최초의 유전자가 tRNA였을지도 모른다는 문제의식을 제기했다.

뒤이어 아이겐과 빙클러-오스바티치Elisabeth Winkler-Oswatitsch, 1939~는 실제로 대부분의 tRNA 마스터 서열master sequence에서 G와 C의 비율이 높다고 발표했다. A·U 대 G·C의 비율이 일관되게 1.6을 초과한다는 사실을 발견한 것이다. 이는 단순한 통계적 현상이 아니라, 초기 유전자의 물질적 조건이 무엇이었는지를 가리키는 지표처럼 보인다. 곧 tRNA는 단순히 후대의 번역 기계 속에서 보조적인 분자가 아니라 최초의 유전자로서 자리를 점했을 가능성이 있다.

그렇다면 문제는 다음으로 옮겨간다. 만약 tRNA가 최초의 유전자였다면, 그로부터 유전정보가 판독되기 위해 어떠한 조건이 필요했을까? 오늘날의 세포처럼 정교한 번역 개시와 종결, 교정 기구가 없는 상황에서 초기 유전자는 스스로 번역될 수 있어야만 했다. 이때 서열의 프레임frame은 대칭적일 수 없으며 불가피하게 비대칭적 모형을 띠었을 것이다. 따라서 그 기본 형식은 RNY 혹은 YNR—즉, 퓨린(R), 피리미딘(Y), 그리고 어떤 염기(N)라는 배열—의 형태였으리라 추론된다. 특히 G와 C가 풍부한 조건에서 가장 먼저 나타날 수 있었던 것은 GNC라는 틀이다. 여기서 파생되는 염기 3개의 조합 코돈codon은 CGC, GCC, GAC 그리고 GUC였다.

흥미롭게도 이들 코돈은 실제 초기 생화학에서 의미 있는 아미노산과 대응한다. 밀러의 실험에서 글리신과 알라닌은 다른 아미노산보다 약 20배 이상 많이 생성되었는데, 그 코돈이 바로 GGC와 GCC였다. 또한 GUC에 대응하는 발린은 소수성 아미노산으로 알라닌의 기능을 보완했고, GAC의 아스파르트산은 산-염기 촉매 기능을 제공했다. 다시 말해, 이 네 개의 코돈은 단순히 가능한 서열이었던 것은 아니고 실제로 초기 단백질이 기본적인 기능을 갖기 위해서 필요로 했던 것이다.

핵산―행위자로서의 의미

따라서 핵산은 단순한 기록자가 아니다. 그것은 스스로 배열을 선택하고, 복제하며, 때로는 촉매가 되어 환경을 바꾼다. DNA와 RNA는 생명을 단순한 저장된 정보로 환원할 수 없음을 말한다. 핵산은 이렇게 단순히 기록된 부호의 연쇄가 아니라, 자신이 허용하는 배열을 통해 특정 아미노산을 끌어들이고 화학적 기능을 발현하는 장치가 되었다. 정보는 곧 기능을 낳았고, 기능은 다시 정보의 안정성을 강화했다. 이 순환 속에서 핵산은 생명의 초기에 이미 자기 행위성을 드러내며 화학과 진화를 매개하는 주체로 자리 잡았다. 핵산은 정보를 부호화하는 동시에 그것을 읽고 실행하는 적극적 행위자였다.

자기복제—생명의 첫 약속

핵산이 진정 특별한 이유는 단순히 정보를 담을 수 있다는 점이 아니다. 그것은 자기복제 능력에 있다. A는 T(U)와, G는 C와 결합한다는 단순한 규칙—생명의 가장 원초적인 질서—덕분에 한 가닥의 서열은 다른 가닥을 불러내는 주형이 된다.

원시 지구에서 이 복제는 오늘날처럼 효소의 도움을 받지 못해 더 느리고 불완전했을 것이다. 그러나 점토 표면이나 열수구의 리듬 같은 환경은 부분적인 자기복제를 가능케 했을 수 있다. 그리고 바로 이 복제 과정에서 작은 오류, 곧 변이가 태어나고, 변이 중 일부는 더 안정적이고 효율적인 복제를 낳았다. 그 순간부터 경쟁과 선택, 진화의 원리가 분자 수준에서 작동하기 시작했다.

핵산의 자기복제 능력은 생명의 첫 약속이었다. 아미노산 사슬이 기능의 가능성을 열었다면, 핵산 사슬은 지속성과 진화의 길을 열었다. 자기복제는 이렇게 속삭인다. "나는 사라져도 나의 패턴은 남아 다시 나를 부를 것이다." 핵산은 단순한 분자가 아니라 생명이 미래를 향해 나아갈 수 있도록 한 최초의 서사적 행위자였다.

지질: 분리와 소통을 막 하나로

인지질—구성분자

막을 이루는 핵심적인 지질이 인지질이다. 이 분자는 글리세롤이라는 뼈대에 지방산 사슬 꼬리 두 개가 붙어 있고, 글리세롤의 세 번째 자리에는 음전하를 띤 인산기가 붙는다. 이 인산기에는 다시 여러 종류의 머리 부분이 결합할 수 있다. 인지질의 전체 모양은 꼬리가 둘 달린 올챙이처럼 생겼다.

인지질 이중층의 형성

머리는 물을 좋아하고 꼬리는 물을 싫어하는 인지질 분자는 물 분자들과 상호작용하여 스스로 배열하여 막을 만든다. 음전하를 띤 머리 부분은 안팎의 물 분자와 맞닿게 바깥으로 향하고, 꼬리 부분은 안쪽에서 서로 마주 보는 방식으로 이중층을 이룬다. 이중층의 전체 배열은 반데르발스 상호작용과 소수성 상호작용 같은 비공유성 상호작용에 의해서 유지된다.

인지질 이중층으로 둘러싸인 소포가 형성되면 대부분의 물질을 통과시키지 않기 때문에 내부는 외부와 분리된다. 소포 내부에서는 생명 활동에 필요한 분자들이 농도가 높아져 서로 반응할 가능성이 커지고, 가혹한 외부 환경으로부터 보호받아 분해가 억제된다.

세포막으로의 진화

세포를 주변 환경으로부터 분리해 주는 막의 형성은 살아 있는 세포의 출현에서 중요한 전환점이다. 지질들은 완벽할 정도로 세포막 형성에 적합한 물질이기 때문에 모든 세포는 세포막(또는 원형질막)을 가지고 있다. 진핵세포의 경우 핵과 미토콘드리아처럼 소기관도 막으로 둘러싸여 있다. 이중층의 내층과 외층에는 모두 지질 혼합물이 포함되어 있는데 그 조성이 다르며, 이 점은 내층과 외층을 서로 구별하는 데 사용할 수 있다. 부피가 큰 분자들은 외층에 존재하며 작은 분자들은 내층에 존재하는 경향이 있다. 세포막은 인지질만으로 이루어지는 것은 아니다.

세포막의 지질 및 단백질 성분

지질 이중층이 세포막으로 더욱 진화하게 되면 지질뿐만 아니라 단백질도 포함할 수 있다. 세포막의 단백질 구성성분은 전체 무게의 20~80%를 차지한다. 세포막의 구조를 이해하려면 지질 성분과 단백질들이 세포막의 특성에 어떻게 기여하는지를 먼저 알아야 한다. 예를 들어 특정 운반 단백질이나 통로 단백질이 생기면 막의 안팎으로 특정 물질을 수송할 수 있다. 세포막 혹은 세포소기관의 막에 따라 지질 성분과 단백질의 종류가 달라지며, 독특한 구조와 기능을 유지하는 데 기여한다.

RNA: 원시세포를 만든 능력자

모든 생명체는 번식과 에너지 처리 과정(물질대사)을 수행할 수 있어야만 한다. RNA 분자는 스스로가 자신의 복제를 촉매할 수 있지만 DNA가 복제되려면 세포의 물질대사로 공급되는 많은 양의 뉴클레오티드 성분과 함께 정교한 효소 장치가 필요하다. 이런 추론에 따르면 핵산 중에서도 최초의 유전물질은 DNA가 아니라 RNA였을 가능성이 크다. RNA는 염기서열을 통해 기록을 저장하는 동시에, 사슬이 스스로 접혀서 제 기능을 갖는 입체 구조를 형성하는 접힘을 통해 효소처럼 촉매 기능을 할 수 있다. 이런 RNA 촉매를 리보자임이라고 한다. 어떤 리보자임은 뉴클레오티드 성분이 공급되면 짧은 RNA의 상보적인 복제품을 만들 수 있다.

'RNA 세계'는 바로 이런 RNA를 생명 진화의 주인공으로 내세우는 이야기이다. 이 세계에서는 작은 RNA 분자들이 스스로를 복제할 수 있었으며, 자신을 담고 있는 작은 주머니에 대한 유전정보도 저장할 수 있었다. 오늘날의 생명체에서도 펩티드 결합을 실제로 만들어내는 리보솜의 핵심이 단백질이 아니라 rRNA이고, tRNA와 rRNA 등 번역 기구가 RNA 중심이라는 사실은 RNA가 DNA보다 앞서 유전물질로서 역할을 했음을 알게 해준다. 코로나바이러스와 같은 일부 바이러스는 여전히 RNA를 유전물질로 가지고 있다.

분자 수준의 자연선택이 실험실에서 자기복제를 할 수 있는 리보자임을 생산하였다. 이런 일이 어떻게 일어나는가? 균일한 나선 구조를 갖는 이중나선의 DNA와는 다르게, 단일가닥인 RNA 분자는 뉴클레오티드의 서열에 따라 결정되는 3차원 구조가 다양하다. 특정 환경에서는 특정 염기서열의 RNA 분자가 다른 서열의 분자보다 더 안정되고 더 빨리 복제하며 오류도 더 적을 수 있는 구조가 되었을 것이다. 자신을 복제하는 능력이 가장 큰 RNA 분자는 자손 분자를 가장 많이 남길 것이다. 때로는 복제 오류로 조상의 서열보다 자기복제를 훨씬 더 잘하는 구조의 분자가 생성되었을 수도 있다. 이와 유사한 선택 과정이 초기 지구에서 일어났을 것이다.

원시세포의 등장

살아 있는 세포의 발달에서 중요한 또 다른 점은 세포를 주변 환경으로부터 분리해 주는 막의 형성이다. 복제와 대사가 씨를 틔웠다고 해도, 변이와 선택이 작동하기 위해서는 경계가 필요했기 때문이다. 지구 스스로가 가진 자원들로부터 지질막이 만들어졌다. 혜성과 운석이 실어 나른 유기물, 열수구·화산 환경에서 합성되고 연안의 밀물과 썰물 주기가 축적해 둔 지질 분자들이 수용액 환경을 접하자, 분자들은 스스로 배열했다. 일정 농도와 염도와 pH가 갖춰지면 지방산은 소낭 구조를 이루고, 이어 이중층 막으로 재배열되며, 마침내 납작하고 속이 빈 소포로 접힌다. 10~18개의 탄소로 이루어진 사실이 유리했고, 초기 바다의 약한 염도와 약알칼리성 조건이 이 자기조립을 거들었다. 이렇게 생겨난 인지질 이중층 막은 오늘날의 세포막보다 느슨한 장벽이어서 뉴클레오티드, 당, 작은 이온들이 드나들 수 있었다.

화산재의 풍화로 만들어진 연한 광물점토와 같은 물질을 첨가하면 소낭의 자기 형성률이 매우 증가한다. 초기 지구에 흔했을 것으로 생각되는 이 점토는 유기분자가 농축되는 표면을 제공했고, 이 분자들이 서로 반응하고 소낭을 형성할 가능성을 높인다.

경계가 마련되자 막 안팎의 구성이 달라지기 시작했다. 소포체가 생기고, 이웃한 소포와 포옹하듯 융합하고, 다시 길게 목이 잘록해지며 분열하는 동안 주변의 RNA와 짧은 펩티드, 금속이온 같은 보조인자들이 물리적으로 갇혔다. RNA는 점토입자 표면에 모인 뉴클레오티드의 형태로 둘러싸였을 것이다. 짧은 펩티드는 막의 틈새를 메워 안정성을 높였고, 금속이온과 결합하여 내부의 리보자임이 제 형태로 접히도록 도왔다. 막은 단지 나누는 경계가 아니라 내부를 더 잘 작동하도록 조율하는 장치가 되어갔다. 이런 자기복제를 하는 촉매 RNA를 갖는 소낭은 그런 분자가 없는 많은 이웃들과는 달리 복제를 시작할 수 있었을 것이다. 그런 소낭의 내부에 내용물이 많아지면 삼투압이 증가하고, 소포는 바깥의 소낭을 빨아들여 막을 넓혔다. 자연히 내용물이 많은 소포일수록 더 빨리 자랐다. 파도나, 가열·냉각 등의 물리적 교란이 일어나면 길게 늘어난 소포는 두 개로 나뉘었다. 그때마다 내용물은 불완전하지만 어느 정도 대를 잇게 되었고, 개체들 사이에는 변이가 일어났다. 내부의 리보자임이 얼마나 효율적이냐에 따라 자연선택은 영향을 받았다. 가장 성공적인 초기 원시세포는 자원을 효과적으로 이용하고 자신의 능력을 다음 세대에게 전달할 수 있었기 때문에 그 수가 증가했을 것이다.

일단 유전정보가 있는 RNA 서열이 원시세포에 나타난 이후 많은 추가적인 변화가 가능했을 것이다. 정보 저장과 촉매 기능의 주도권은 각각 DNA와 단백질로 넘어갔다. 이중가닥 DNA는 화학적으로 더욱 안정되고 또한 더 정확하게 복제될 수 있다. 유전자 중복과 기타 과정을 통해 유전체가 더 커지고 원시생물의 더 많은 특성이 유전정보로 지정되면서 정확한 복제가 유리해졌다. 금속이온과 결합한 단백질은 더 정교하고 빠른 촉매 기능을 나타냈다.

이를 통해 단순한 원시세포는 더 복잡한 세포로 진화할 수 있었다. 최초의 원시세포는 단지 RNA를 포함한 소낭에 불과했다. 이어 리보자임이 등장하여 복제 속도를 높이고 세포막을 강화하게 된다. 원시세포는 스스로 복제하기 시작한다. 다른 리보자임들은 대사를 촉매한다. 그중에서도 RNA의 정보를 단백질로 번역하는 대사가 시작된다. 이렇게 만들어진 단백질은 세포 내부에서 일어나는 대사의 대부분을 촉매한다. 단백질 효소들이 마침내 RNA 대신 정보 분자의 역할을 할 DNA를 합성하기 시작한다. DNA에서 RNA로, RNA에서 단백질로 정보가 흐르기 시작한다. 현대의 박테리아를 닮은 생명체가 지구상에 널리 퍼져 나가며 새로운 경쟁자가 나타날 때까지 지구를 지배하게 되었다.

생명의 연대기

생명 연대기의 뼈대를 간추리면 이렇다. 46억 년 전 원시 지구가 태어나 환원적 대기 아래 달궈지고, 44억~40억 년 전 냉각과 함께 비가 내리며 바다가 자리 잡는다. 40억 년 전에는 번개·자외선·열수구·광물 촉매가 아미노산·뉴클레오티드·지방산을 잇달아 만들었고, 38억 년 전 무렵 짧은 RNA·펩티드·지질막이 서로 얽혀 프로토셀이 탄생한다. 이 원시세포는 성장-분열-상속의 주기를 돌리며 자연선택을 본격 가동했고, 38억~35억 년 전 혐기성(산소 없는 조건에서 생육하는)·화학합성 미생물이 지구 생명의 첫 장을 열었다. 27억~24억 년 전 산소발생 광합성이 등장해 지구 대기에 산소가 처음으로 대량 축적되었고, 그 뒤를 이어 호기성(산소를 필요로 하는) 호흡, 진핵·다세포화, 생태계의 복잡성이 차례로 무대에 올랐다.

RNA만으로 첫 복제가 가능했는가 혹은 다른 종류의 핵산이 선행했는가, 복제가 먼저 나타났나 대사가 먼저 나타났나, 생명의 요람은 연안 온천이었나 아니면 심해의 알칼리성 열수구였나, 막 화학과 수송 단백질은 어떤 경로를 거쳐 발명되었나— 아직 해결되지 못한 질문은 많이 남아 있다. 그러나 어느 쪽이든 가장 오래된 흔적들이 말해주는 바는 분명하다. 최초의 생명은 행성 환경과 얽혀 시작되었으며, 번성한 지구 생명체는 다시 행성 환경을 뒤바꾸어 놓았다는 것이다.

생명은 우주의 수많은 요소가 한데 모여 새로운 유기적 단위로 응결한 사건이었다. 별의 내부에서 만들어진 탄소·질소·인, 운석과 혜성이 실어 온 물과 유기물, 태양 빛과 자외선, 지구 내부의 열과 같은 에너지 흐름이 지구 표면의 물리·화학·지질 과정과 맞물리며, 우주의 척도로 보면 한순간이지만 사실은 장구한 시간 동안 응결을 이뤄냈다. 화이트헤드 Alfred North Whitehead, 1861~1947의 말로 하자면 "다자가 일자가 되는" 합생concrescence이 일어난 것이다. 막-대사-정보(지질 소포체-원시 대사-RNA)가 합생하여 만들어낸 원시 세포라는 '일자the one'는 곧 다시 '다자the many' 속으로 흘어지며 주변 세계를 재구성하기 시작했다. 생명은 지구라는 무대 위에 늦깎이로 등장한 손님이 아니라 무대의 조명과 음향, 장치의 배치를 바꾸는 연출가에 가까워졌다.

4장

세포의 모험

세포내 공생 이론은 금세기 생물학계의 커다란 성취 중 하나이다.
- 리처드 도킨스Richard Dawkins, 1941~●

현재의 생명체는 박테리아Bacteria, 고세균Archaea, 그리고 진핵생물Eukarya로 나누어진다. 처음에는 논란이 많았지만 과학자들은 이제 초기 지구에서 진화한 박테리아와 고세균으로부터 세포내 공생 과정을 거쳐 핵과 소기관을 지닌 진핵생물이 발생했으며 이후 동물·식물·곰팡이로 대규모 분화가 이루어졌다고 믿고 있다. 진핵생물의 등장으로 또한 지구의 화학과 대기는 근본적으로 산화 상태로 바뀌었고 이를 바탕으로 다세포 생물이 등장하게 되었다. 다세포 생물은 개체라

●존 브로크맨(엮음), 《제3의 문화: 과학혁명을 넘어서》, 김태규 옮김, 대영사, 1996, 167쪽.

4장 세포의 모험

기보다는 연속체로 형성된다는 사실이 최근의 연구 결과로 밝혀졌다. 생명의 역사란, 공존과 공생이 축적되어 개체·조직·생태계 수준의 새로운 기능이 창발하는 과정이라고 할 수 있다.

생명의 세 영역

박테리아·고세균·진핵생물이라는 생명의 세 영역은 처음부터 서로 독립적으로 진화한 것이 아니고, 모두 아주 오래전 하나의 공통 조상에서 갈라져 나왔다. 예를 들면, 거의 모든 생명은 유전 암호, ATP를 에너지로 쓰는 방식, 리보솜으로 단백질을 만드는 장치를 공유하는 등 근본적인 공통점을 가지고 있기 때문에 겉모습은 아주 다르더라도 인간을 포함한 모든 다세포 진핵생물은 박테리아와 고세균과 뿌리 깊은 친척 관계를 맺고 있다.

하지만 공통점만으로는 생명의 다양성을 설명할 수 없다. 같은 토대 위에서 수많은 차이가 생겨나고 커졌고, 그 결과 오늘의 다양한 생명 세계로 갈라졌다. 생물학자들은 가장 깊은 분기점을 기준으로 생명을 세 영역으로 나눈다. 두 영역은 원핵생물인 박테리아와 고세균이고, 나머지 한 영역은 진핵생물이다.

원핵생물은 모두 한 개의 세포로 이루어지지만 늘 고립된 세포처럼 사는 것은 아니다. 이들은 서로 모여 군체를 형성하거나 생물막을 만들어 다세포 조직처럼 행동한다. 반면 진핵생물은 단세포인 것도 있고 다세포인 것도 있어 형태와 기능이 훨씬 더 복잡하다.

이 차이는 세포를 보면 뚜렷하다. 원핵세포는 진핵세포처럼 체세포분열을 하지 않고, DNA를 복제한 뒤 둘로 갈라지는 이분법으로 증식한다. 유전물질의 구성 방식도 다르다. 원핵세포의 DNA는 핵막으로 둘러싸이지 않고 일반적으로 원형 구조를 이룬다. 대부분 주 염색체가 하나이며, 필요에 따라 플라스미드라 불리는 작은 DNA 분자를 추가로 갖기도 한다.

세포 내부 구조 역시 다르다. 원핵생물은 미토콘드리아나 골지체처럼 막으로 둘러싸인 소기관이 없다. 그렇다고 해서 기능이 결핍되어 있다고는 말할 수 없다. 원핵세포는 세포막의 주름이나 광합성 막(예: 시아노박테리아의 틸라코이드 구조) 같은 자체 구조로 유사한 기능을 수행한다. 즉, 방식은 다르지만 필요한 일을 다른 방법으로 해낸다.

진핵생물을 연구하고 분류해 온 지는 오래됐지만, 고대의 원핵생물 세계를 깊이 이해하게 된 것은 최근의 일이다. 20세기 말에 이르러서야 분자유전학과 생화학의 발전 덕분에 박테리아와 고세균이 근본적으로 다르다는 사실이 드러났다.

그제야 우리는 생명의 나무가 원핵생물과 진핵생물이라는 두 갈래로 나뉜 것이 아니라 더 깊은 뿌리에서 박테리아, 고세균, 진핵생물이라는 세 영역으로 갈라졌다는 것을 알게 되었다.

초기 지구에서 진화한 박테리아와 고세균에서 핵과 소기관을 지닌 진핵세포가 발생되었는지에 관한 의문에 대하여 상당히 많은 연구가 수행되었다. 최근의 연구는 보다 큰 세포가 호기성 박테리아를 흡수하여 미토콘드리아가 되었거나, 또는 광합성 박테리아를 흡수해서 엽록체가 되는 '세포내 공생endosymbiosis' 과정을 통해 진핵세포가 발생했으며 이후 동물·식물·곰팡이로의 대규모 분화가 가능해졌다는 가설이 힘을 얻고 있다. 이런 세포내 공생 이론은 미토콘드리아·엽록체의 독립 유전체, 이중막, 박테리아형 리보솜 등 분자 증거로 뒷받침되고 있다.

서로 다른 생물들이 융합하여 완전히 새로운 생명체가 되는 공생 발생symbiogenesis은 다윈의 자연선택 이후 생물학에서 나온 가장 아름답고 강력한 개념 가운데 하나다. 이 개념을 세상에 분명하게 알린 공로는 마굴리스에게 돌아가야 한다. 다만 그 개념 자체는 그녀의 완전한 독창적인 생각은 아니었다. 지금은 교과서에도 실리는 등 공생 발생이 거의 정설로 인정받고 있지만 처음 제기된 당시에는 파격적인 생각이어서 오랫동안 외면받다가 시간이 지나 가치를 인정받게 되었다.

공생 발생이라는 가설은 1909년 러시아 식물학자 콘스탄틴 메레시콥스키Konstantin Sergeyevich Mereshkovsky, 1855~1921에 의해 처음 제안되었다. 그는 시베리아 툰드라의 풍부한 지의류를 연구하면서, 진화가 단지 생존경쟁에 의해서만 설명될 수 없으며 협력과 공진화 같은 다른 힘들을 고려해야 한다고 주장했다. 이후 그의 동료 보리스 코조폴랸스키Boris Mikhaylovich Kozo-Polyansky, 1890~1957는 공생 발생을 다윈주의와 통합하려는 시도를 하며, 공생 결합 자체가 선택될 수 있다고 보았다. 그러나 이런 통찰은 러시아 내 학문적 맥락과 언어 장벽 그리고 냉전 시기의 정치 단절 속에서 서구 과학계와 연결이 약해지며 주변부로 밀려났다.

흥미롭게도 러시아 학자들만이 이런 생각을 발전시킨 것은 아니었다. 독일의 안드레아스 심퍼Andreas Franz Wilhelm Schimper, 1856~1901, 리하르트 알트만Richard Altmann, 1852~1900, 안톤 데 바리Heinrich Anton de Bary, 1831~1888, 그리고 프랑스의 포르티에Paul Jules Portier, 1866~1962 등도 각각의 방식으로 공생적 기원을 상정했다. 미국의 해부학자 아이번 월린Ivan Emanuel Wallin, 1883~1969은 이를 "공생론Symbioticism"이라는 독자적 개념으로 발전시켜 세포소기관의 기원을 설명하려 했다. 이렇듯 공생 발생에 대한 아이디어는 여러 나라와 학문 분야에서 동시다발적으로 나타났지만 서구의 주류 동물학은 여전히 경쟁과 돌연변이, 수직 유전을 중심에 두며 이를 수용하지 않았다.

이 침묵을 깨운 인물이 바로 린 마굴리스였다. 그녀는 1960년대에 들어 진핵세포의 미토콘드리아와 엽록체가 각각 호기성 박테리아와 광합성 박테리아의 후손이라는 강력한 증거들을 제시했다. 마굴리스는 단지 미토콘드리아와 엽록체만이 아니라 세포 내의 핵, 편모, 섬모 같은 구조물들 또한 고대의 박테리아적 기원을 가진 공생 결합의 산물이라고 보았다. 이는 당시의 과학적 합의에 정면으로 도전하는 주장이었으나, 분자생물학 자료와 유전학 분석이 축적되며 그녀의 직관을 뒷받침했다. 마굴리스의 공생 발생설은 보통 단계적 세포내 공생설이라고 불린다.

세포내 공생설

단계적 세포내 공생설

세포내 공생이 단계적으로 일어났다는 '단계적 세포내 공생설'은 진핵세포의 기원을 설명하는 가장 설득력 있는 시나리오 가운데 하나다. 요지는 이렇다. 특별한 기능을 가진 원핵세포들이 다른 세포 속으로 들어가 함께 살기 시작했고,

시간이 지나면서 서로 떨어질 수 없는 하나의 통합된 개체처럼 진화했다는 것이다. 처음에는 각각 독립적이었지만 곧 상리공생 관계가 되어 서로 의지하게 되었고, 그 결과 새로 생긴 세포는 미토콘드리아와 엽록체 같은 소기관을 갖춘 구조로 발전했다. 편모·섬모·중심립 같은 구조도 이런 통합 과정과 함께 나타난 것으로 본다.

마굴리스는 이 시나리오를 본격적으로 정교하게 다듬었다. 그녀는 1967년에 〈체세포분열하는 세포의 기원에 관하여 On the origin of mitosing cells〉라는 논문에서 세포학, 미생물학, 생화학, 지구화학, 고생물학의 방대한 자료를 엮어 진핵세포가 박테리아들의 연속적 공생으로부터 태어났다고 주장했다.● 마굴리스는 박테리아가 약 45억~27억 년 전 등장했고, 시아노박테리아(남세균)가 광합성을 통해 산소를 대기 속에 축적하기 시작한 뒤 약 10억 년쯤 지난 10억~5억 년 전 사이에 진핵세포가 출현했을 것으로 보았다. 그녀는 초기 단계에서 가장 먼저 획득한 소기관은 미토콘드리아라고 보았다. 포식성 숙주 미생물이 호기성 박테리아를 삼키거나 반대로 박테리아가 숙주 안으로 침입했을 때 둘은 공생이라는 새로운 생존 방식을 택했고, 그 결과 숙주는 산소를 사용하는 새로운 에너지 경로에 접근하게 되었다. 그녀가 그린 그림은

● 《공생자 행성》, 63쪽.

이렇다. 큰 혐기성 숙주세포가 작은 호기성 박테리아를 삼키는데, 작은 세포는 여전히 산소를 공급받는다. 큰 세포는 혼자서는 호기성 산화를 못하지만, 자신의 혐기성 대사로 만든 부산물 일부를 호기성 박테리아에 의해 더 효율적으로 산화할 수 있다. 그래서 같은 양의 영양분으로도 이전보다 더 많은 에너지를 추출해 낸다. 이렇게 결합한 둘은 곧 새로운 호기성 생물로 진화했고, 그 안에 남은 호기성 박테리아가 바로 미토콘드리아가 되었다.

두 번째 단계에서, 미토콘드리아를 가진 숙주는 또 다른 공생자를 받아들였다. 마굴리스는 이 공생자가 가늘고 나선형으로 꼬여 회전 운동을 하는 '스피로헤타spirochete' 계열의 운동성 박테리아였으리라고 추정했다. 이 공생자의 유전자들은 편모와 섬모, 중심립, 방추사 같은 구조를 낳았으며, 그 덕분에 진핵세포는 운동성과 분열 능력을 새로 갖추게 되었다. 이 단계에 대해서는 논란이 많았고 지금도 완전한 합의에 이른 것은 아니지만, 공생이 세포의 구조와 운동 방식을 근본적으로 바꿀 수 있다는 핵심적인 통찰은 여전히 중요하게 받아들여진다.

세 번째 단계에서는 광합성 박테리아가 세포 안으로 들어왔다. 숙주는 이번에도 소화하는 대신 공생을 선택했고, 그 결과 엽록체라는 새로운 소기관이 생겨날 수 있었다. 유전성 공생이라는 방식도 있는데, 이는 큰 숙주세포가 작은 공생자를 유전적으로 결정된 개수만큼 늘 대대로 품고 사는 관계다. 예를 들어, 시아노포라 파라독사*Cyanophora paradoxa*라는 원생생물 숙주는 유전적으로 정해진 수의 시아노박테리아를 몸 안에 갖는다. 시아노박테리아는 호기성 원핵생물로 광합성을 수행할 수 있다. 숙주세포는 그 광합성 산물을 얻는다. 시아노박테리아는 광합성으로 당을 만들고, 숙주세포는 그 산물을 얻는다. 그 대신 시아노박테리아는 주변 환경으로부터 보호받으며, 숙주의 크기가 작기 때문에 박테리아는 여전히 외부로부터 산소와 햇빛을 공급받을 수도 있다. 이러한 관계는 시아노박테리아가 숙주 생명체 내에 포함되어 있기 때문에 세포내 공생의 한 가지 사례라고 할 수 있다. 이런 방식의 공생이 많은 세대를 거치게 되면 시아노박테리아는 점점 혼자 살 수 있는 능력을 상실하고, 마침내 숙주세포 안의 소기관(엽록체)이 된다. 실제로 엽록체는 오늘도 자기 고리형 DNA, 자체 리보솜과 tRNA를 가지고 단백질을 일부 스스로 합성한다. 이 증거들은 엽록체가 아주 먼 옛날에는 독립 생물이었음을 보여준다. 마굴리스는 지금도 세포가 광합성 공생자를 세포 내부로 받아들이는 사례가 많다고 강조했다. 즉, 엽록체는 우발적 사건의 산물이 아니라 반복된 공생 사건의 산물임을 시사한다.

    미토콘드리아와 엽록체가 자기 DNA를 가진다는 사실은 세포내 공생 모델을 뒷받침하는 중요한 생화학적 증거다. 이들은 자체 리보솜으로 RNA를 단백질로 만드는 장치도 갖고 있다. 게다가 미토콘드리아의 유전 암호 일부는 핵과 조금 달라 원래 독립된 생물이었음을 보여준다. 이런 단백질 합성 시스템이 남아 있다는 것 자체가 이 소기관들이 한때 스스로 살던 세포였다는 흔적이다. 이를 바탕으로 보면, 큰 단세포 생물이 호기성 박테리아를 집어삼킨 뒤 소화하지 않고 함께 살면서 그 박테리아가 미토콘드리아로 바뀌었고, 그 결과 그 단세포 생물은 동물세포의 조상이 되었다고 볼 수 있다. 또 어떤 계열은 호기성 박테리아와 시아노박테리아를 모두 받아들여 각각 미토콘드리아와 엽록체로 만들었고, 이 계열은 결국 녹색식물이 되었다. 마굴리스의 공생 이론에 따르면 오늘날의 진핵세포는 과거 공생의 흔적으로 가득한 모자이크다. 이렇게 생겨난 구조와 기능은 이후 자연선택을 거치며 점점 효율이 최적화되어 왔다.

수정된 세포내 공생설

마굴리스의 초기 시나리오는 시간이 지나며 수정되었다. 그녀는 스피로헤타와의 융합이 먼저 일어났고 이어서 미토콘드리아, 마지막으로 엽록체가 도입되었다고 주장했다. 하지만 단계가 정확히 어떻게 이어졌는지는 해석이 엇갈린다. 오늘날 가장 널리 받아들여지는 형태는 미토콘드리아가 먼저, 그다음에 엽록체가 도입되었다는 단계적 공생설이다.

좀 더 풀어서 설명하자면 이렇다. 느리게 자라며 돌기를 갖는 아스가르드Asgard 계열 고세균과 유사한 원시 진핵세포 조상이 숙주가 되었고, 여기에 알파프로테오박테리아 Alphaproteobacteria 계통의 박테리아가 들어와 후에 미토콘드리아로 발전했다. 이후 담수 환경에서 기원한 시아노박테리아 계통에서 엽록체가 기원했다.

엽록체는 원시색소체생물Archaeplastida이라는 식물과 조류의 공통 조상이 담수 환경에서 자란 시아노박테리아를 받아들여 처음 생겨났다고 한다. 예외가 하나 있는데, 폴리넬라Paulinella 속 아메바는 따로 시아노박테리아를 받아들여 '광합성소포체'를 얻었는데, 이것은 원시색소체생물과는 독립적으로 발생한 또 하나의 엽록체 기원으로 널리 인정된다. 그 뒤에는 엽록체를 이미 가진 조류를 다른 진핵생물이 삼키는 일이 반복되면서, 2차·3차 공생을 통해 오늘날처럼 여러 유형의 엽록체가 생겨났다고 본다.

결국 이 이야기는 단순한 가설이 아니라 생명의 본질을 드러내는 실제 사례다. 생명은 끊임없는 융합과 협력의 산물이며, 서로 다른 존재들이 만남과 공존을 통해 전혀 새로운 차원의 가능성을 열어온 과정이다. 진핵세포의 기원은 바로 이러한 공생의 연속적 사건 속에서 태동했고, 그 덕분에 오늘날처럼 복잡한 생명의 무대가 가능해졌다.

원핵생물과 진핵생물의 정확한 관계는 아직 완전히 밝혀

지지 않았고 여전히 풀어야 할 문제들이 남아 있다. 그렇지만 이 가설은 진화를 이해할 때 유용한 생각의 틀이며, 세포 안에서 벌어지는 여러 반응이 어디서 비롯됐는지 짐작하게 해준다.

린 마굴리스는 "정체성은 어떤 고정된 대상이 아니라, 여러 방향으로 계속 나아가는 과정이다"라고 말했다. 이 말은 공생 이론이 지닌 철학적 함의를 잘 보여준다. 정체성이란 고정된 물질적 실체가 아니라, 끊임없이 얽히고 변형되며 나아가는 운동의 장 속에서만 드러난다는 것이다.

지구를 변화시킨 초기 생명

초기 생명은 한번 나타나자 지구를 되돌릴 수 없게 바꾸었다. 하지만 그 흔적 대부분은 지질 순환 속에서 사라졌다. 원시 지각은 침식되어 퇴적암이 되었고, 판 경계로 끌려 들어가 열과 압력을 받으며 다시 용해되어 사라졌다. 우리가 확인할 수 있는 가장 오래된 암석은 그린란드 이수아 지층의 약 38억 5천만 년 전 바위다. 그 바위의 석영 틈에는 탄소 동위원소가 풍부한 유기 물질이 남아 있어 그때 이미 생명 활동이 지구의 화학을 바꾸고 있었음을 암시한다.

태초의 생물은 오늘날의 어떤 세포보다도 단순했을 것이

다. 서로 다른 여러 계통의 원시세포들이 수백만 년 동안 공존하며 자원을 두고 경쟁하고, 때로는 유전물질을 서로 주고받았을 것이다. 그 긴 시간 끝에 그중 한 갈래가 박테리아·고세균·진핵생물로 갈라지는 공통 조상의 자리를 차지했다. 지질 시대의 틀에서 본다면 생명은 지구 역사 초기에 20억 년을 차지한 시생대 어딘가에서 기원한 것으로 보인다.

가장 오래된 화석은 약 37억 년 전의 스트로마톨라이트 stromatolite다. 이는 호주 와라우나와 남아프리카에서 발견되었으며, 시아노박테리아 같은 미생물이 층을 쌓아 만든 구조다. 약 30억 년 전 무렵 지질 활동이 잠잠해지자 단세포 생물은 바다·호수·열수 분출공 주변까지 지구 곳곳으로 퍼졌다. 시생대의 시아노박테리아는 중요한 단서를 남긴다. 처음엔 전자를 주는 분자로 황화수소를 사용하는 혐기성 광합성에서 시작했지만, 결국 물을 사용하는 새로운 광합성이 등장하면서 부산물인 산소가 대기 속에 서서히 쌓이기 시작했다. 이 변화는 원생대를 거치며 오랫동안 지구 대기를 산소로 바꾸었고, 그 결과 오존층이 생겨 자외선을 막아주었다. 자연선택은 점차 산소로 호흡하는 생물을 유리하게 만들었고, 혐기성 생물은 산소가 닿지 않는 작은 서식처로 물러났다. 태양 빛을 직접 에너지로 바꾸는 광합성의 등장은 먹이의 기반을 바꾸었고, 행성 전체의 대사 지도를 영원히 바꾸어놓았다.

복잡성은 느리지만 꾸준히 증가했다. 진핵세포의 화석은 원생대, 대략 19억~14억 년 전까지 거슬러 올라간다. 16억 9천만 년 전 호주에서 나온 유기 잔류물은 진핵세포의 막 지질과 비슷해, 아주 이른 시기에 단세포 진핵생물이 존재했음을 암시한다. 원핵세포는 구조가 단순한 데 비해, 진핵세포는 핵막·소포체·골지체 같은 내부 구획을 갖는다. 이 정교한 막 구조가 어떻게 생겼는지는 아직 수수께끼다. 세포막이 스스로 안쪽으로 접혀 내부 망을 만들었을 수도 있고, 공생 사건이 중요한 역할을 할 수도 있다. 증거의 한계 때문에 단정하긴 어렵지만, 이런 변화가 다세포로 가는 길을 열었다는 점은 분명하다. 세포들이 서로 부착하고, 신호를 주고받고, 분업을 하며 하나의 몸처럼 협력하는 법을 배웠고, 그때부터 생명은 한 세포의 생존이 아니라 여러 세포의 협동과 조직의 기술로 진화하기 시작했다.

마침내, 다세포 생물의 등장

다세포 생물의 형성

지구에서 약 30억 년 동안 주역은 단세포였다. 그런데 약 10억 년 전부터 더불어 사는 방식이 자리 잡으면서 동물·식물·곰팡이 같은 복잡한 다세포 생물이 등장할 길이 열렸다.

놀라운 점은, 다세포에 꼭 필요한 세포 접착, 신호 전달, 유전자 발현 조절 같은 장치가 동물이 나타나기 훨씬 전부터 일부 단세포에도 이미 존재하고 있었다는 것이다. 즉 동물이 등장하면서 새 유전자가 갑자기 생긴 게 아니라, 오래된 도구상자를 새로운 방식으로 조합해 쓴 셈이다.

이런 관점을 세우는 데 니콜 킹Nicole King, 1970~과 이냐키 루이스-트리요Iñaki Ruiz-Trillo, 1972~가 큰 역할을 했다. 두 연구진은 동물과 가까운 깃편모충류Choanoflagellatea, 필라스테레아류Filasterea, 익티오스포레아류Ichthyosporea, 코랄로키트리아류Corallochytrea라는 단세포 친척들에서 열댓 종을 골라 모델 생물로 길렀다. 핵심은 비교다. 서로 다른 계통을 나란히 비교하면, 다세포로 가는 길이 한 가지가 아니라 여러 경로가 얽혀 있었다는 그림을 더 정확하게 그릴 수 있기 때문이다.

대표적인 예가 깃편모충류에 속하는 살핑고에카 로제타 *Salpingoeca rosetta*다. 이 종은 특정 박테리아의 분비물을 신호로 삼아 무성분열을 시작하고, 유전적으로 같은 딸세포들이 장미 모양의 군체를 만든다. 환경에 따라 편모(꼬리)를 거두고 아메바형으로 변해 가느다란 촉수를 뻗으며 기어가기도 한다. 연구 기술도 잘 갖춰져 있어 형광단백질 도입과 크리스퍼CRISPR 유전자 편집●이 가능하다. 덕분에 다세포성과 관련된 단백질과 유전자의 역할을 직접 시험할 수 있다.

다른 방식도 있다. 필라스테레아류의 캅사스포라 오프차자키*Capsaspora owczarzaki*는 필요할 때 개체들이 모여 서로 달라붙어 큰 덩어리를 만든다. 이 종에는 깃편모충류에는 없는 인테그린 유전자(세포가 서로 또는 바닥에 붙게 하는 역할)도 있다. 이는 "처음 동물은 한 세포가 계속 나뉘는 클론성 분열만으로 다세포가 되었을 것"이라는 통념에 금을 낸다. 실제로는 분열 방식과 응집 방식을 상황에 따라 섞어 사용했을 수 있다는 뜻이다.

2017년에 보고된 깃편모충류의 코아노에카 플렉사 *Choanoeca flexa*는 변이의 폭을 더 넓혀준다. 이 종은 단일한 세포 층을 이루고, 빛이나 어둠에 반응해 몇 초 만에 안팎을 뒤집는 독특한 행동을 한다. 또한 상황에 따라 클론성 분열 방식과 응집 방식을 따로 사용하거나 함께 사용하기도 한다. 무엇보다 처음 발견된 자연 서식지로 되돌아가 같은 종을 여러 번 다시 채집할 수 있어, 다세포적 행동이 환경 변화와 어떻게 맞물리는지 현장에서 확인할 수 있다.

결론은 분명하다. 다세포성은 어느 날 갑자기 유전자가 늘어나서 생긴 일이 아니다. 이미 있던 접착·신호·조절 모듈을 각 종이 환경 신호에 맞춰 다르게 불러 쓰고 재배치하면서

● 세균의 면역체계를 응용한 유전자 절단·수정 기술로, 특정 DNA 서열을 정확히 인식해 유전자를 자르거나 교체할 수 있다.

클론성 분열·세포 응집·군체의 되돌릴 수 있는 조직화 같은 전략이 겹겹이 섞여 진화가 진행된 것이다. 그래서 오늘의 핵심 질문도 바뀐다. 어떤 환경 신호가 어떤 분자 회로를 켜서 조직화를 시작하게 하는가? 그 회로가 어떻게 안정된 발달 프로그램으로 굳어지는가? 동물의 기원을 하나의 해답이 아니라 여러 경로의 조합으로 보는 이 관점이, 다세포성 연구의 다음 무대를 열고 있다.

다세포성 진화의 방식

2025년 《사이언스Science》에 발표된 논문에서는 지구의 가장 극한 생명에서 살아가는 단세포 미생물 한 종이 압력이 가해질 때 자신의 작은 몸을 다세포 조직으로 변신시킬 수 있다는 결과를 보고하고 있다.● 할로페락스 볼카니*Haloferax volcanii*는 눈에 잘 띄지 않는 고세균 영역에 속하는 생명체로, 겉모습은 박테리아와 비슷하지만 오히려 우리와 같은 진핵생물 영역과 더 많은 공통점이 있는 생물이다. 다세포성은 진핵생물에서는 흔하지만 박테리아에서는 드물며, 현재까지 할로페락스 볼카니는 다세포성으로 진화하는 것이 확

●Rados, T., Leland, O. S., Escudeiro, P., et al., "Tissue-like multicellular development triggered by mechanical compression in archaea", *Science* 388, 2025, pp. 109-115.

인된 두 번째 고세균이다. 연구팀은 할로페락스 볼카니의 외층에 물리적인 압력을 가하면 이 미생물이 더욱 복잡한 생명체를 연상시키는 형태, 즉 다세포 형태로 변한다고 밝혔다. 이 미생물은 팬케이크처럼 납작해졌고, 12시간에 걸쳐 각 세포는 유전체를 여러 세트 포함한 채로 점점 커지고 서로 융합하여 다세포 생명체 조직을 닮은 덩어리를 형성했다. 특히 두 가지 다른 유형의 세포가 생성되었는데, 이들은 마치 거북이 등껍질처럼 배열되었다. 가장자리에 있는 세포는 납작하고 넓은 쐐기 형태이며 중앙에 있는 세포는 빽빽하고 기둥처럼 키가 컸다. 이런 형태가 진핵생물 등장 이전의 생물체에서 발견되었다는 사실은 이런 식의 세포분화가 우리가 생각했던 것보다 훨씬 오래되었고, 다세포성 진화에서 훨씬 근본적인 역할을 했을 가능성을 시사한다.

다세포 생물은 연속체

다세포 생명의 기원을 상상할 때, 연구자들은 종종 작은 구형의 녹조류 볼복스Volvox를 떠올린다. 볼복스는 오늘날의 진정한 다세포 생물과 직접적인 계통적 연관을 갖고 있지는 않지만, 원시 다세포 생명이 어떤 모습이었을지를 엿볼 수 있는 살아 있는 단서다. 이 녹조류의 군체는 수백 개의 동일한 세포로 이루어진 속이 빈 구체로, 투명한 젤라틴 구 안에 세포들이 박혀 있는 듯하다. 각 세포는 두 개의 편모를 지니고 있으며, 이 편모의 박동이 합쳐져 군체 전체가 마치 하나의 생물처럼 유영한다. 중요한 점은 이 세포들이 얇은 세포질의 다리들로 서로 연결되어 있어 집단에서 떨어져 나온 개별 세포는 더 이상 생식 능력을 발휘하지 못한다는 것이다. 개별 세포가 아니라 군체 전체가 번식을 위한 최소 단위를 이룬다. 결국 구체의 내부에서는 새로운 작은 '딸 군체'가 형성되어 시간이 지나면 어미 구체의 내부에서 자신을 뒤집고 바깥으로 방출된다.

볼복스의 흥미로움은 단순히 원시 다세포 구조를 떠올리게 한다는 점에 있지 않다. 그 속에는 이미 분화의 흔적이 나타나기 때문이다. 대부분의 세포는 운동을 담당하지만, 일부는 생식을 위해 특별히 변형되어 큰 난자나 작은 정자를 형성한다. 이는 "모든 세포가 동일하다"는 단세포적 세계와 "세포들이 서로 역할을 나눈다"는 다세포적 세계 사이의 경계 위에 선 장면을 보여준다. 무성생식 과정에서 군체의 일부가 안쪽으로 말려 들어가 새로운 구체가 만들어지는 방식은, 다세포 생명의 발생학적 과정을 연상시키는 원시적 형식으로 보인다.

따라서 볼복스는 우리에게 중요한 질문을 던진다. 이 속이 빈 구체는 단순히 많은 세포의 집합인가 아니면 진정한 하나의 개체인가? 이 질문은 다세포 생명의 본질을 묻는 문제와 직결된다. 볼복스는 단순한 미생물 군체를 넘어 개체성과 협동, 분화와 통합이라는 생명의 오래된 주제를 실험적으로 재현하는 살아 있는 모델이다. 이 작은 구체 속에는 다세포 생명으로 향하는 문턱에서의 망설임과 가능성이 함께 응축되어 있다.

안토니 반 레이우엔훅Antoni Philips van Leeuwenhoek, 1632~1723이 물속에서 보았던 초록의 작은 구체들은, 단지 세포가 모여 만든 덩어리가 아니라 '많은 것이 하나가 되어 하나가 되는' 개체성의 탄생 장면이었다. 볼복스목 조류는 단세포에서 다세포로, 집합에서 개체로 이행하는 과정을 살아 있는 족보로 간직한 계통이다. 이들 군체를 바라보면 곧바로 물음이 따라온다. 저것은 수백 개의 세포가 만든 임시 군체인가 아니면 진정 하나의 생물인가. 답은 둘 중 하나가 아니라 특정한 방향으로 기울어가는 과정을 가리킨다.

개체성은 고정된 본질이 아니라 연속체다. 유전적 고유성과 내부 동질성, 생리적 통합과 기능적 조율, 그리고 선택의 단위로서의 능력 같은 기준들은 '예/아니오'로 재단하기보다 정도의 차로 드러난다. 같은 계통 안에서도 어느 순간엔 세포가, 다른 순간엔 군체가, 또 어떤 환경에서는 유성 한 번과 수차의 무성을 거느린 클론이 개체처럼 작동한다. 개체성은 사물의 속성이 아니라 발달과 생태, 집단구조가 엮이는 배치의 산물인 셈이다.

볼복스가 특별한 이유는 대부분의 계통에서 화석 속에 묻

혀버린 '중간 단계'가 이 그룹에서는 여전히 현존한다는 데 있다. 단세포인 클라미도모나스*Chlamydomonas*에서 시작해 네 개의 세포가 느슨하게 붙어 사는 미소 군체, 바깥이 편모로 뒤덮인 속 빈 구체, 결국 운동과 번식을 분업한 거대 군체에 이르기까지, '집합이 개체가 되어가는' 경로가 한눈에 펼쳐진다. 이 길은 하나의 사다리가 아니라 되돌림과 우회가 가능한 산줄기다. 어떤 혈통은 세포분화를 얻었다가 잃고, 어떤 혈통은 세포 간 다리를 성체까지 지키며, 또 다른 혈통은 아예 소형 군체 상태로 장구한 시간을 버틴다.

군체가 개체가 되어가는 과정은 몇 가지 발달 혁신이 사슬처럼 이어지며 구현된다. 먼저 딸세포가 세포외기질에 의해 함께 붙잡히면서 물리적 경계와 공유된 미시환경이 생기고, 발달 프로그램은 분열 횟수를 통제해 내부 유전 이질성을 낮춘다. 불완전 분열로 남은 세포질 다리는 배의 '뒤집힘'을 가능하게 하고, 편모의 동조 방향을 재배열하는 기저체 회전은 군체 전체에 앞–뒤라는 방향성을 부여한다. 이 순간 유영 능력은 개별 세포의 합이 아니라 군체 수준의 창발적 기능으로 나타난다. 이어서 배는 부분적 혹은 전면적으로 뒤집혀 편모를 바깥으로 내세우고, 세포외기질은 부피를 크게 늘려 속이 빈 구체의 공간적·기계적 안정과 저장 능력을 확보한다. 마침내 어떤 혈통에서는 운동에 전념하는 체세포와 번식에 전념하는 생식세포가 갈라서며, 상호의존과 갈등 억제가 강화된 '하나의 생물'이 등장한다. 때로는 비대칭 분열로 생식계열의 분열 수를 줄여 돌연변이와 내부 충돌의 여지를 더 낮추기도 한다.

그렇다고 군체가 항상 개체성을 대표하는 것은 아니다. 무성 복제가 연속되는 연못에서는 군체 내부의 변이가 의미를 갖지만, 여러 창시자가 뒤섞인 여름의 수역에서는 서로 다른 접합체의 후손들—클론들—사이에서도 선택이 이루어진다. 개체성의 초점은 장기 진화의 속도만큼이나 단기 집단구조의 변동에도 민감하게 이동한다. 그래서 볼복스목이 남기는 중요한 교훈은, '완전한 개체'라는 이상형이 모든 전이의 귀착점이 아니라는 사실이다. 중간 정도의 개체성은 종종 안정적인 답이며, 실제로 이 계통에는 1억 년 넘게 거의 변하지 않은 '살아 있는 중간들'이 공존한다.

결국 볼복스의 맑은 구체는 개체가 실체가 아니라 과정임을 설득력 있게 보여준다. 유전적 병목, 분업, 극성 같은 장치들은 그 과정을 지지하는 기술이며, 그 기술의 조합과 순서는 한 가지가 아니다. 집합은 기능적 통합을 발명하며 개체에 접근하고, 때로는 멈추고 때로는 되돌아간다. 개체성이란 바로 그 발명과 조율의 지속—상호의존을 키우고 갈등을 누그러뜨리며 창발적 기능을 안정화하는, 끝나지 않는 구성의 서사다. 볼복스는 그 서사를 오늘도 물속에서 천천히 그러나 확실히 돌려 보여주고 있다.

우리는 흔히 지구 생명체의 역사를 생각할 때 '생명의 나무'를 떠올린다. 뿌리에서 줄기, 가지와 잎으로 뻗어 나가는 이 이미지는 식물학과 해부학, 신학과 존재론, 철학에 이르기까지 다양한 서구의 사유 영역을 지배해 왔다. 하지만 초기 생명의 이야기를 보면 이 이미지를 조금 수정할 필요가 있을 것 같다. 생명은 단지 위로 가지를 뻗은 게 아니라 옆으로 엮이고, 아래로 스며들고, 서로를 흡수해 다시 섞였다. 나무의 수액처럼 유전과 대사의 흐름은 층위를 가로질러 순환했고, 그 느린 순환이 지구를 전혀 다른 색으로 물들였다.

결국 초기 생명은 단지 살아남은 것이 아니라 지구를 새로 설계했다. 대기와 바다의 화학, 빛과 에너지의 경로, 생태계의 가능성까지, 모두 그들의 손길 아래 바뀌었다. 우리가 지금 서 있는 땅과 숨 쉬는 공기는 미생물들이 오랫동안 집요하게 작업해 남긴 결과다.

5장

공생하는 종들

> 곰팡이의 사전에 외로움이란 없다.
> ―톰 웨이크퍼드Tom Wakeford, 1965~●

    자신의 세포끼리 다세포의 형태를 취한 생명체는 이제는 다른 종과의 얽힘을 모색하기 시작했다. 박테리아는 다른 미생물들과 생물막을 형성하고, 사회적 생물들도 개개의 세포처럼 모여서 초유기체를 형성한다. 식물은 근권 미생물, 질소고정 박테리아, 그리고 균근 곰팡이와 협력한다. 이들은 분업을 통해 서로에게 유익이 되는 방향으로 작용하는 공생의 생활양식을 취한다. 다종 간의 공생은 표면·신호·대사가 교차하며 개체성과 경계를 새로 조정하는 관계적 과정이다.

● 톰 웨이크퍼드, 《공생 그 아름다운 공존》, 전방욱 옮김, 해나무, 2004, 55쪽.

박테리아 그리고 생물막

병균 되기

"음식이 바닥에 떨어져도 5초 안에 주워 먹으면 괜찮다"는 속설이 있다. 이 말은 위생에 대범하라는 은유처럼 들리지만, 2003년 고등학생 질리언 클라크Jillian Clarke가 일리노이대학교 어바나 샴페인 캠퍼스에서 인턴이었을 때 수행한 실제 실험 결과에 의하면, 세균이 음식에 거의 즉시 옮겨 붙는 것으로 나타났다. 이 연구는 2004년 이그노벨상 공중보건부문상을 수상하기도 했다. 다른 연구들도 오염 정도를 좌우하는 것은 시간이 아니라 바닥의 표면 특성, 음식의 수분 함량, 세균의 종류임을 확인했다.

하지만 더 중요한 쟁점은 안전하냐 아니냐가 아니다. 우리가 박테리아를 어떻게 상상하느냐다. 보통 박테리아는 '병균'으로만 여겨져 더럽고 피해야 할 대상으로 묘사되어 왔다. 그러나 실제로 박테리아는 음식 표면에 그냥 붙어 있기만 하지 않는다. 시간이 지나면 그곳을 배양지로 삼아 증식하고, 서로를 보호하는 생물막까지 만든다. 즉 박테리아는 인간의 접촉을 수동적으로 기다리는 존재가 아니라 스스로 환경을 만들고 관계를 조직하는 행위자다.

이런 관점은 박테리아를 무조건 위험한 것으로만 보는 생각을 바꾼다. 박테리아는 우리의 면역체계와 얽혀 있어 위협이자 동시에 조율자로 작동한다. 음식 표면에서 보이는 박테리아의 활동은 인간과 비인간이 만나는 접점이며, 그 안에는 위험과 가능성이 함께 있다. 그래서 '병균 되기'는 단순한 오염 과정이 아니라, 인간과 박테리아가 부딪치고 협력하며 얽히는 관계적 사건이다. 이를 통해 우리는 박테리아를 피해야 할 외부가 아니라, 우리 삶의 조건을 함께 만들어가는 동반자로 다시 볼 수 있다.

이렇게 재구성된 관점은 미시적 접촉 속에서 드러나는 박테리아의 행위성을 포착한다. 병균은 단순히 병의 원인이 아니라 우리 몸과 음식, 표면과 환경을 가로지르며 관계망을 만들어내는 존재다. '병균 되기'는 곧 인간중심적 위생 관념을 넘어 생명의 얽힌 역사를 다시 쓰는 작은 이야기로 자리 잡는다.

생물막 형성의 과정

생물막biofilm은 박테리아가 개체로 흩어져 떠다니지 않고 표면에 달라붙어 서로 얽혀 사는 집단생활 방식이다. 싱크대나 샤워실 배수구의 미끈미끈한 막이 그 예다. 이런 생물막은 바위, 흙, 금속, 플라스틱, 살아 있는 조직 등 거의 모든 표면에서 자랄 수 있고, 고인 물 위처럼 단단한 바탕이 없어도 형성된다. 한번 자리 잡으면 박테리아가 내놓는 끈끈한 물질이 접착제처럼 작동해 물로만 씻어내기는 어렵다.

생물막의 바탕은 당과 단백질로 이루어진 끈적끈적한 기질이다. 이 층이 세포와 표면을 단단히 묶고, 죽은 세포나 작은 입자도 붙잡아 둔다. 기질 속에는 미세한 통로가 생겨 영양분이 안쪽으로 들어가고 노폐물이 바깥으로 빠져나간다. 같은 종끼리는 화학 신호로 소통하며 역할을 나누고 서로를 보호한다. 여기에 다른 박테리아, 조류, 곰팡이, 원생동물까지 합류하면 여러 종이 함께 사는 작은 도시 같은 공동체가 된다.

형성 과정은 대체로 다음과 같다. 먼저 영양 성분으로 코팅된 표면에 떠다니던 박테리아가 몇 초 만에 가볍게 달라붙는다. 모여든 박테리아가 내보낸 신호 분자가 주위에 쌓이면 박테리아는 우리의 수가 충분히 늘었다는 사실을 스스로 감지(정족수 감지)하고, 평소와 다른 유전자 프로그램을 켠다. 그때부터 끈끈한 고분자 물질을 대량으로 분비해 부착이 되돌릴 수 없을 만큼 단단해지고, 이웃 세포와 표면을 하나의 기질로 엮어 생물막의 토대를 만든다.

시간이 지나면 집단은 커지고 형태도 변한다. 생물막은 버섯 모양의 3차원 구조를 이루며, 내부에서는 영양 흐름과 노폐물 배출이 조직적으로 운영된다. 방어 체계와 분업이 자리 잡고, 일부 세포는 떨어져 나가 새로운 표면으로 이동해 똑같은 과정을 다시 시작한다. 이렇게 생물막은 성장과 분산을 반복하며 영역을 넓힌다.

이 생활방식은 박테리아에게 여러 이점을 준다. 살기 어려운 표면에도 안정적으로 정착할 수 있고, 서로가 만든 대사산물을 공유하며 살아간다. 밀집된 환경에서는 유전정보가 오가기도 해 생존 전략을 빠르게 바꿀 여지도 생긴다. 자연에서는 이런 집단이 퇴적층을 만들거나 직경 1미터가 넘는 덩어리로 자라기도 한다. 고대 화석인 스트로마톨라이트는 생물막과 탄산칼슘 층이 켜켜이 쌓여 형성된 구조물로, 지구에서 가장 오래된 생명의 흔적 가운데 하나로 꼽힌다.

생물막의 중요성

생물막은 실용적 관점에서 매우 중요하다. 산업 현장에서는 파이프를 막고 금속을 부식시켜 발전소, 여과기, 배수로, 선체 등에 큰 피해와 비용을 초래한다. 물 소독에 흔히 쓰는 염소처리도 완벽하지 않아 수도관의 생물막은 살아남을 수 있다. 특히 콜레라균 생물막은 수돗물보다 10~20배 높은 염소 농도도 견딘 사례가 보고됐다. 이런 이유로 생물막은 철저히 관리해야 할 대상이 된다.

반대로 생물막은 유익하게도 쓰인다. 예를 들어 폐수처리의 살수여과법에서는 오염물을 분해하고, 광업에서는 광석의 금속을 용출하는 데 도움을 준다. 토양과 뿌리 주변의 생물막은 영양 순환을 도와 식물 생장을 촉진한다. 더 나아가 유익한 토양 박테리아가 생물막을 잘 만들도록 유도하면 독성 폐기물을 정화하는 등 환경 복원에도 활용할 수 있다. 결국 생물막은 해로울 수도 있고 이로울 수도 있는 양면성을 지닌다.

의료 분야에서 생물막은 특히 큰 과제다. 병원체가 생물막을 이루면 치석, 요로감염, 중이염, 박테리아성 심내막염, 레지오넬라 감염 등 다양한 질환을 유발하거나 악화시킨다. 낭포성 섬유증 환자의 폐에서는 두꺼운 점액과 결합한 생물막이 만성 감염을 고착화한다. 또한 콘택트렌즈, 카테터, 인공관절, 심장판막, 심박조율기 등 의료 삽입물 표면에도 쉽게 형성되어 감염의 발화점이 된다. 미국에서는 매년 약 72만 5천 명이 병원감염을 겪고 이 중 7만 5천 명이 사망하는데, 생물막이 중요한 배경 요인으로 지목된다.

치료가 어려운 이유는 생물막의 방어 구조 때문이다. 생물막 속 박테리아는 액체배양 상태보다 항생제에 최대 1000배 강한 내성을 보일 수 있다. 항생제가 오히려 기질 분비를 자극해 생물막을 더 두껍게 만드는 경우도 있다. 약물이 바깥층을 제대로 통과하지 못하거나, 바깥층 박테리아가 효소로 약을 분해해 내부 세포를 보호하기도 한다. 면역계도 이 구조적 장벽과 느린 대사 상태에 가로막혀 제거에 실패한다.

구강에서는 생물막의 협업 효과가 두드러진다. 충치의 주범인 스트렙토코커스 무탄스 *Streptococcus mutans*가 칸디다 곰팡이와 함께 움직일 수 있는 초강력 생물막을 만들면, 치아 표면을 시간당 40㎛ 이상 '기어가며' 빠르게 법랑질을 파괴한다. 이런 사례는 생물막을 초기에 못 자라게 하는 전략이 중요함을 보여준다. 정족수 감지 신호를 차단하면 부착·기질 형성 프로그램이 켜지기 전에 억제할 수 있다. 실제로 생물막 형성 초기 몇 시간 이내에 박테리아는 유영을 위한 편모 유전자를 끄고 부착을 돕는 선모 유전자를 켜므로, 이 전환점을 겨냥하는 치료·예방법이 유망하다.

오늘날 연구자들은 생물막을 단순한 위협이 아니라 박테리아가 '다른 생명체가 되는' 전환의 장으로 보고 있다. 자유롭게 유영하는 개체에서 집합적이고 조직화된 생명체로 이행하는 순간, 박테리아는 다른 생리와 다른 유전자 발현 양상을 보여준다. 정족수 감지 신호를 차단하거나, 생물막을 자유생활 상태로 되돌릴 수 있는 방법을 찾는 시도는 이 전환을 역이용하려는 실험이다.

생물막은 미시적 세계에서 드러나는 박테리아의 집합적 행위성이다. 그것은 표면과 액체, 신호와 기질이 교차하는 곳에서 생겨나며, 인간의 건강과 산업, 환경 전반을 가로지른다. 그 형성과 소멸, 이득과 피해의 양가성 속에서 우리는 박테리아를 단순한 병원체가 아니라 환경을 변형시키고 자신들의 군집을 만드는 행위자로 다시 바라보게 된다.

초유기체

'초유기체superorganism'는 개미, 벌, 흰개미 같은 사회성 곤충 집단이 마치 하나의 큰 몸처럼 행동하는 현상을 말한다. 미생물이 모여 생물막을 만들듯, 사회성 곤충들은 훨씬 큰 규모에서 초유기체를 이룬다. 예를 들어 개미 집단에서는 일개미, 여왕개미, 수개미 같은 각 개체를 큰 몸의 세포에 비유할 수 있다는 생각이 오래전부터 있어왔고, 지금도 생물학과 철학에서 중요한 논의 주제라고 할 수 있다.

그렇게 보는 이유는 크게 세 가지이다. 첫째, 분업과 통합성이다. 여왕개미와 수개미는 생식, 병정개미는 방어, 일개미는 먹이 수집과 육아를 맡는 등 역할이 매우 특화되어 있고, 각 개체는 혼자서는 제대로 생존하거나 번식하기 어렵다. 이는 다세포 생물에서 생식세포, 면역세포, 근육세포가 나뉘어 전체 생존에 기여하는 모습과 닮았다. 둘째, 정보 교환과 자기 조절이 집단 차원에서 이루어진다. 페로몬 같은 화학 신호, 몸을 부딪히는 것과 같은 물리적 접촉, 집단적 의사결정이 합쳐져 신경계가 없어도 '분산 지능'이 작동하며, 집단 전체의 되먹임을 통해 적응하고 학습한다. 셋째, 생식 기능이 통합되어 있다. 보통 여왕개미만 번식하고 다른 개체들은 여왕개미의 유전자를 퍼뜨리는 데 기여하므로 집단 전체가 하나의 '생식 개체'처럼 움직인다.

그래서 E. O. 윌슨Edward Osborne Wilson, 1929~2021과 베르톨트 횔도블러Berthold Karl Hölldobler, 1936~는 사회성 곤충의 집단을 초유기체로 개념화하며, 참된 '개체성'은 개별 곤충이 아니라 집단 수준에서 성립한다고 주장했다. 다만 개별 곤충은 서로 유전적으로 완전히 같지 않을 수 있고, 각자 신경계를 지닌 자율적 존재이며 일정 조건에서 단독 생존도 가능하다. 따라서 초유기체는 개체성과 집단성이 겹겹이 공존하는 '계층적 개체성'이자, 기능이 집단에 넓게 퍼져 있는 '분산적 개체성'으로 이해하는 편이 더 정확하다.

식물과 미생물의 공생

근권의 미생물상

식물의 표면과 내부 그리고 식물체 주변의 공기, 토양, 물에 걸쳐 박테리아, 곰팡이, 원생생물, 선충, 바이러스, 미세조류 등 미생물이 모여 사는 '식물-미생물상microflora'이 형성된다. 이들은 대체로 이롭지만 중립적이거나 해로운 경우도 있다. 이전의 연구가 주로 병원균을 억제하는 데 그쳤다면, 최근에는 다양한 미생물이 식물 생존에 핵심적이라는 사실이 드러나면서 연구가 급속히 확대되고 있다.

미생물 활동의 주 무대는 뿌리 주변 '근권'으로, 뿌리가 당이나 아미노산 그리고 점액을 내보내 미생물의 성장을 돕는다. 미생물은 유기물을 분해해 식물이 쓰기 쉬운 영양분을 방출하며, 원생생물의 포식과 곰팡이의 작용은 이 순환을 가속한다. 늦봄과 여름에 토양 수분과 온도가 맞으면 근권 생산성이 커지고, 뿌리 점액은 윤활 및 보습의 역할을 해 미생물 활동과 영양 흐름을 유지한다.

역할은 제각각이지만 미생물은 보통 식물이 생존하는 데 도움이 된다. 특히 영양분 흡수에 큰 역할을 하는데, 많은 미생물이 흙 속의 복잡한 물질을 잘게 분해해 식물이 바로 쓰기 쉬운 형태로 바꿔주기 때문이다. 예를 들어 어떤 미생물은 유기물을 분해해 암모니아를 만들고, 질산화 박테리아는 그 암모니아를 질산염으로 바꿔 식물이 더 쉽게 이용하게 한다. 인산염, 암모니아, 칼륨 같은 영양분의 흡수도 미생물들이 거든다.

미생물은 스트레스 내성도 높여준다. 미생물이 만드는 활성산소 제거 효소나 식물호르몬 덕분에 식물이 스트레스를 더 잘 견딘다. 또 미생물은 병원균과 직접 경쟁해 그 수를 늘지 못하게 하거나, 항생제를 만들어 병을 일으키는 박테리아나 곰팡이를 억제해 식물의 방어를 돕는다. 그래서 콩과 토마토 품종들 가운데 병에 강한 것들은 대체로 병에 약한 품종과는 다른 미생물상을 지니고 있다.

식물–미생물상은 식물·미생물·환경이 서로 맞물려 만들

어진다. 이 가운데 식물이 그 구성을 크게 좌우한다. 식물은 미생물과 잘 지내려고 광합성으로 만든 탄소의 20~30%를 뿌리로 분비하여 먹이처럼 제공한다. 또 트리테르페노이드, 쿠마린 같은 특별한 화합물을 분비해 자신이 선호하는 미생물을 골라 붙게 한다. 환경도 큰 변수라서 가뭄, 고온, 저온 같은 스트레스를 받으면 식물-미생물상이 크게 달라진다. 한마디로 주변의 물리적·생태적 조건이 바뀌면 식물은 자신을 둘러싼 미생물상을 바꿔 상황에 대응한다.

식물-질소고정 박테리아 공생

질소는 생물체의 단백질과 DNA에 존재하는 모든 생명 과정에 필수적이다. 그러나 대기의 80%를 차지하고 있음에도 불구하고 기체 질소는 불활성이다. 따라서 식물, 곰팡이 그리고 동물들은 이를 직접 이용할 수 없다. 동물들은 보통 다른 생물체들을 먹음으로써 질소를 얻고 식충식물도 마찬가지다. 대부분의 다른 식물들은 섭취할 수 있는 형태로 질소를 바꾸어주는 미생물에 의존하거나, 콩과식물의 경우처럼 대기로부터 질소를 직접 취하는 공생 관계를 형성해야 한다.

식물-질소고정 공생은 약 1억 년 전 여러 계통에서 독립적으로 시작되어 작동 방식은 여럿으로 나뉜다. 그렇지만 공통된 핵심은 단순하다. 식물이 당이나 유기산의 형태로 탄소와 저산소 환경을 제공하고 미생물이 고정한 질소를 돌려받는다는 물질 교환이다.

형태는 크게 두 가지다. 첫째, 느슨한 내부 공생으로 뿔이끼, 우산이끼, 물고사리과의 단백풀 *Azolla*, 소철류가 잎 속의 빈 공간에 남세균을 들여 살게 하여 질소 화합물을 흡수하고, 식물은 당과 더불어 질소고정을 촉진하는 플라보노이드를 내보낸다. 둘째, 뿌리혹을 만드는 긴밀한 공생으로 여러 콩과식물은 뿌리혹박테리아 *Rhizobium*와, 오리나무류는 방선균 *Frankia*과 결합해 뿌리에 특수한 '뿌리혹'을 형성한다.

질소고정은 자연계에서 저절로 잘 일어나지 않는다. 가장 강력한 화학 결합인 질소 분자 N_2의 삼중결합을 해체하는 데 많은 에너지를 써야 하기 때문이다. 그래서 식물은 공생 미생물이 이 일을 하는 데 필요한 막대한 양의 당을 공급해 주어야 한다. 동시에 뿌리혹 안에서는 레그헤모글로빈이 산소와 결합하여 질소고정효소의 활성에 필요한 낮은 산소 상태를 유지한다. 이 두 가지 조건 때문에 식물-박테리아 공생체는 효율적으로 질소를 고정할 수 있는 것이다.

뿌리혹의 형성 과정은 다음과 같다. 콩과식물의 종자가 새롭게 발아할 때마다 토양에서 휴면 상태에 있는 뿌리혹박테리아의 공생체와 분자 대화를 하기 시작한다. 콩과식물의 뿌리는 플라보노이드를 분비해 파트너를 유인하고, 뿌리혹박테리아는 이를 감지해 뿌리털에 부착한다. 이어 박테리아가 '지질이 붙은 키틴' 계열 신호인 Nod 인자를 보내면 식물의 수용체가 활성화되어 뿌리털이 굽고 피질세포가 분열하는 등 공생 준비가 진행된다. 이때 식물 세포벽과 막이 변형되어 감염사라는 가는 통로가 생기고 박테리아는 그 길을 따라 내부로 이동하고 증식한다.

두 파트너는 함께 분화된 뿌리혹 조직을 만들고 질소고정 효소가 활성을 갖도록 산소를 낮춰주는 데 필요한 레그헤모글로빈을 만든다. 뿌리혹 속 박테리아는 '박테로이드'라는 상태로 분화해 분열하거나 번식할 수 있는 능력을 잃어버린다. 세포내 공생은 곰팡이에서는 대개 흔하지만 박테리아가 이렇게 깊숙이 들어와 대량 증식하는 경우는 드물고, 질소고정 박테리아는 그 예외다. 식물의 새로운 각 세대는 주변의 토양에 존재하는 뿌리혹박테리아에 의해 다시 감염되어야만 뿌리혹을 형성할 수 있다.

질소를 고정함으로써 뿌리혹박테리아와 식물은 둘 다 이득을 거둔다. 박테리아가 질소를 많이 고정할수록 식물은 더 잘 자라고, 그만큼 광합성으로 만든 당을 더 많이 뿌리혹에 보내준다. 당이 늘면 뿌리혹이 더 많이 생기고 박테리아 수도 늘어나 다시 질소 고정량이 커진다.

식물-곰팡이 공생
많은 사람은 곰팡이를 식물로 생각하지만 실제로는 동물에 더 가깝다. 곰팡이는 식물처럼 햇빛으로 스스로 먹이를 만들지 못하고, 동물처럼 밖에서 먹이를 구해야 한다. 대신 곰팡이는 '세포외 소화'로 몸 밖에 산과 효소를 내보내 먹이를 먼저 소화하여 영양분으로 만든 뒤 그걸 흡수한다. 이렇게 유리된 영양분은 곰팡이뿐 아니라 다른 생물에게도 도움이 된다. 건조한 땅에서 식물이 살 수 있는 이유 가운데 하나도 곰팡이가 아주 오랜 시간 바위를 서서히 '소화'해 흙과 영양분을 만들어왔기 때문이다. 곰팡이는 박테리아와 함께 식물이 자라는 토양을 빚어낸 주역이다.

그래서 식물-곰팡이의 공생은 식물이 물에서 육지로 퍼져 나가던 약 4억 5천만 년 전 척박한 토양 환경을 극복하고자 내생균근 곰팡이와의 협력에서 본격 시작됐다고 본다. 툴루즈대학교의 피에르-마르크 들로 Pierre-Marc Delaux는 이 공생이 육지 적응과 식물 번성의 핵심이었다고 보며 그 근거로 다음 네 가지를 든다. 첫째 가장 오래된 육상식물 화석에도 곰팡이 흔적이 존재하고, 둘째 내생균근 공생이 꽃식물에 국한하지 않고 거의 모든 육상식물에서 발견되며, 셋째 공생에 필요한 유전자가 고사리·우산이끼·솔이끼 등 단순한 식물에도 공유되어 초기 공통 조상에서 전승되었음을 시사하고, 넷째 공생 시 유전자 발현 변화 양상이 꽃식물과 우산이끼에서 유사하다. 오늘날 관다발 식물의 약 80%는 곰팡이와의 물질 교환을 위해 뿌리와 곰팡이가 얽힌 '균근'을 만들며, 이는 특히 영양이 빈약한 환경에서 거의 필수다.

'균근mycorrhiza'은 곰팡이μύκης, mykes와 뿌리ρίζα, rhiza를 뜻하는 그리스어의 합성어다. 곰팡이와 식물 뿌리는 균근 관계로 긴밀히 얽힌다. 균근에는 두 가지가 있다. 곰팡이 균사가 뿌리 겉을 막처럼 감싸는 외생균근ectomycorrhiza과, 균사가 뿌리 세포 안으로 들어가는 내생균근endomycorrhiza이다. 내생균근은 세포 안까지 파고들기 때문에 식물과 곰팡이가 아주 가까이 맞닿아 더 긴밀하게 상호작용한다.

이런 긴밀한 관계는 다음과 같은 방식으로 만들어진다. 먼저 식물이 뿌리에서 '스트리고락톤'이라는 신호물질을 내보낸다. 그러면 곰팡이의 균사가 그 신호를 따라 뿌리 쪽으로 빠르게 자라온다. 곰팡이가 식물 가까이 오면 곰팡이도 신호를 보내고, 이를 받은 식물은 유전자의 작동을 바꿔 곰팡이가 지나갈 수 있는 통로를 만든다. 곰팡이 균사는 그 통로를 통해 뿌리 세포 안으로 들어가 나뭇가지처럼 갈라진 구조를 만들며 자리를 잡는다. 이렇게 해서 식물과 곰팡이는 서로 물질을 주고받는 균근 관계를 이루게 된다.

내생균근 곰팡이는 식물 내부에서 산다. 이 곰팡이는 자실체(버섯)를 만들지 않는데, 이는 오래전에 그 능력을 내려놓았기 때문이다. 현미경으로 식물 내부를 보지 않는 한 곰팡이는 눈에 띄지 않지만, 대부분의 식물 속에는 곰팡이가 두텁게 자리한다. 내생균근 곰팡이는 세포 사이로 파고들 뿐 아니라 뿌리 바깥을 감싸 겹겹이 자라기도 한다. 송로버섯이나 송이버섯처럼 사람들이 좋아하는 버섯은 외생균근과 결합한 식물과의 동맹에서 생기는 자실체다. 맛은 뛰어나지만 숙주 나무와 함께 살아야 하므로 인공 재배가 까다롭다. 이런 버섯은 종 사이의 관계 덕분에만 만들어진다.

곰팡이의 목표는 좋은 양분을 얻는 것이다. 곰팡이는 특화된 접점 구조를 뿌리에 뻗어 식물의 탄수화물 일부를 흡수한다. 그렇다고 곰팡이가 완전히 이기적인 것만은 아니다. 더 많은 물을 식물에 건네고, 세포외 소화로 흙 속 복잡한 물질을 분해하여 식물이 흡수할 영양분을 공급해 주어 식물 성장을 돕는다. 식물은 균근을 통해 칼슘, 질소, 칼륨, 인 등 여러 무기질을 얻는다. 숲은 외생균근 곰팡이 덕분에 번성한다고 볼 수 있다. 나무는 곰팡이 파트너를 등에 업고 더 튼튼해지고 수를 늘려 숲을 이룬다.

많은 외생균근 곰팡이는 한 식물에만 묶여 있지 않고 여러 식물을 잇는 네트워크를 만든다. 이 네트워크의 규모는 어마어마할 수도 있다. 칼튼대학교의 생태학자인 마이런 스미스 Myron Smith는 몬타나 원시림에서 천 년 이상을 산 거대한 곰팡이의 균사가 15만 제곱미터에 달하는 지역에 퍼졌고 무게가 무려 백 톤이나 나갔다고 보고한 바 있다. 이런 규모로 식물과 곰팡이가 상호 의존하고 있다는 사실은 생물학적으로 심오한 의미를 갖는다. 식물은 균근의 네트워킹과 자원을 공유하는 능력을 이용하여 사회 안전망을 창조한다. 숲에서 곰팡이는 같은 종의 나무만이 아니라 여러 종의 나무를 연결한다. 그늘에 가려 잎이 충분한 빛을 못 받아 스스로 양분을 만들기 힘든 나무가 있으면, 균근 네트워크를 통해 다른 나무의 탄수화물이 그 나무로 흘러갈 수 있다.

브리티시컬럼비아대학교의 곰팡이학자 수전 시머드Suzanne Simard, 1960~는 자작나무와 전나무를 연결하는 네트워크를 관찰한 결과 이 나무들이 열 종류의 곰팡이 공생체를 공유한다는 사실을 알아냈다. 놀랍게도 햇볕을 받은 자작나무는 균근의 연결 네트워크를 통해서 그늘진 곳의 전나무에 당을 공급한다고 확인했다. 어떤 이들은 이 네트워크를 인터넷에 빗대 '우드와이드 웹woodwide web'이라 부른다. 균근은 숲에 정보를 전달하는 통신망이자, 토양 미생물이 연결을 따라 이동하는 고속도로 구실도 한다. 이들 미생물 가운데는 생태복원에 중요한 종들도 있다. 균근 네트워크는 숲이 위험에 더 빨리 대응하도록 도와준다.

우리는 모두 지의류다

균근(식물-곰팡이 공생)은 지상 생명의 초기부터 거친 바람·강한 자외선·빈약한 토양이라는 악조건을 돌파하게 한 핵심 장치였다. 1940년 토양학자 앨버트 하워드Albert Howard, 1873~1947가 《농법 안내서An Agricultural Testament》에서 "균근을 과학적으로 완전히 설명하진 못한다"고 고백

했을 만큼 아직 확실하게 이해하지는 못했지만, 기후·토양 황폐화가 심화된 오늘날 균근을 농업·산림·복원 생태계의 전환 레버로 삼으려는 기대는 오히려 커졌다. 식물이 먼저 곰팡이를 길렀는지, 곰팡이가 먼저 식물을 길렀는지는 단정하기 어렵다. 분명한 것은 둘의 결합이 토양을 '경작 가능한 공간'으로 바꿔 농업의 문을 열었다는 사실이며, 앞으로 우리의 과제는 이 동거가 더 잘 굴러가도록 경작·관리 방식을 바꾸는 데 있다(과한 비료·살균제 의존을 낮추고, 토양 구조·다양성을 회복하는 식으로).

이 대목에서 '개체'의 경계를 다시 묻지 않으면 곧바로 난관에 부딪힌다. 그레고리 베이트슨Gregory Bateson, 1904~1980과 모리스 메를로퐁티Maurice Merleau-Ponty, 1908~1961가 지적했듯, 지팡이를 든 시각장애인은 지팡이 끝까지가 감각기관의 연장이다. 나무도 마찬가지다. 줄기·가지·뿌리만 나무일까 아니면 뿌리 밖으로 퍼져 나간 균근 네트워크, 그 표면을 코팅하는 박테리아막, 이웃 나무와 공유하는 균사 그물까지가 '한 그루'일까? 더 나아가, 그물과 그물이 맞물린 숲 전체를 어디서 끊어 '개체'라 부를 것인가? 경계선은 깔끔하게 그어지지 않는다.

실제로 유기체의 정체성은 공생 미생물과 분리될 수 없다. 생태ecology의 어원인 오이코스oikos가 '집·사는 곳'이듯, 모든 생명체는 미생물과 함께 사는 집이다. 젖소는 스스로 풀을 소화하지 못하지만 장내 미생물이 그 일을 대신하고, 젖소의 몸은 그 '세입자'를 안전하게 보호하도록 진화했다. 발달도 마찬가지다. 포유류의 발생 프로그램 일부는 공생자 신호에 의존한다. 인간 유전체의 적어도 8%는 바이러스 기원 서열인데, 인간 유전체에 고정된 바이러스 유래 서열은 태반의 구조(융합)를 만들고, 면역 관용을 돕고, 자궁·태반의 유전자 조절 네트워크를 세팅하며, 초기 배아의 방어 체계까지 보강하는 데 쓰인다. 최근의 연구에 의하면 이 바이러스 서열들은 변형을 거쳐 초기 배아발생을 돕는다고 한다. 임신 중 모체-태아 사이의 세포·유전물질 교환(키메라 현상)도 드물지 않다. 면역계 역시 '자기/비자기'의 장벽일 뿐 아니라 공생자에게 자리를 내어주는 관리자다. 결국 해부나 발달 그리고 유전 어느 한 축만으로 '나'를 정의하기 어렵다.

    이런 맥락에서 제안된 개념이 '통생명체holobiont'다. 숙주와 공생자의 묶음을 한 단위로 본다. 지의류가 곰팡이와 조류(또는 시아노박테리아)의 통생명체이듯, 대부분의 다세포생물도 실은 통생명체다. 다만 공생은 유토피아가 아니다. 장내 세균은 장에서는 이롭지만 혈류로 새어 나오면 치명적이다. 협력과 긴장이 공존하며, 이 균형을 유지·조정하는 능력이 건강의 핵심이 된다. 그러니 "독립적·자율적 개체"라는 관념은 현실을 지나치게 단순화한다. 생물학자이자 작가인 멀린 셸드레이크Merlin Sheldrake, 1987~는 "우리는 모두 지의

류다"라고 선언한다. 미시 세계가 모여서 거시 세계의 기능을 만든다는 것이다.

식물 안의 미생물 생태계

살아 있는 나무의 목질은 지구에서 가장 큰 생물량 저장고 중 하나다. 그런데 그 안에 사는 미생물 세계는 거의 알려지지 않았었다. 예일대학교의 와이엇 아널드Wyatt Arnold와 조너선 게워츠먼Jonathan Gewirtzman 연구팀은 이 미지의 영역을 조사해, 나무를 보금자리로 삼는 미생물이 놀랄 만큼 다양하다는 것을 보여주었다. 이 연구는 2025년 8월 《네이처》에 실렸고,● 표지 기사 'Tree's a crowd(나무는 북적댄다)'로 소개되었다. 나무 종마다 미생물 군집이 서로 달라 각 종이 고유한 '지문'을 가진다는 점도 확인되었다.●●

식물 내부의 미생물상은 뿌리·줄기·잎·씨앗, 그리고 변재·심재 같은 목질부까지 식물 몸속에 자리 잡은 미생물 생태계●●●를 말한다. 이들은 주로 뿌리의 미세한 틈, 잎의 기공, 곤충이 낸 상처 등을 통해 들어오며, 어떤 종은 꽃과 씨앗을 따라 다

● Arnold, W., Gewirtzman, J., Raymond, P.A. et al., *Nature* 644, 2025, pp. 1039-1048.
●● 오철우, "'나무속은 북적댄다'…작지만 거대한 생명의 합주', [오철우의 과학풍경], 〈한겨레〉, 2025. 9. 2.
●●● 경우에 따라서는 식물 마이크로바이옴이라고 부르기도 한다. 마이크로바이옴에 대해서는 다음 장을 참고하라.

음 세대로도 이어진다. 몸속에 정착하면 세포 사이 공간이나 물관·체관 주변처럼 산소·물·양분 조건이 다른 미세한 틈새를 골라 산다.

예일대학교 연구진은 살아 있는 나무의 내부 목질에서 코어 시료를 채취해 살아 있는 세포에서 나온 DNA만 골라 분석했으며, 16종 150여 그루를 대규모로 조사한 끝에 나무 속이 예상보다 훨씬 다양한 미생물로 북적거린다는 사실을 확인했다. 산소가 상대적으로 풍부한 변재(통나무의 겉 부분)에는 호기성 미생물이, 산소가 희박한 심재(통나무의 중심 부분)에는 혐기성 미생물이 서식하는 등 서로 미생물 군집이 뚜렷하게 달랐다. 내부 미생물은 이산화탄소·메탄·산화질소 같은 기체를 만들고 영양을 순환시키며 목질 대사와 맞물렸다. 한 그루 나무 안에만 최소 1조 개 규모의 미생물이 있을 것으로 추정되며, 계절에 따른 변화, 오랜 시간의 추세, 건강·노화·부패와의 관계는 앞으로 풀어야 할 과제로 남았다.

이번 결과는 식물과 미생물이 한 몸처럼 얽힌 통생명체라는 관점을 나무 속 목질층까지 확장해 준다. 나무 안의 미생물 군집은 토양과 씨앗이 제공하는 미생물 풀pool 위에, 품종·뿌리 분비물·면역 같은 식물의 선택이 더해져 만들어진다. 먼저 자리 잡은 미생물이 뒤따라 들어올 미생물의 정착을 좌우하기도 하고, 같은 미생물이라도 영양 상태, 온·습도, 산소 공급에 따라 이로울 때도 해로울 때도 있다.

5장 공생하는 종들

식물 속에 사는 미생물들은 네 가지 일을 주로 맡는다. 먼저 영양을 보태는데, 식물이 바로 쓰기 어려운 질소를 쓸 수 있게 바꾸고 인이나 철 같은 영양소를 녹여 체내 영양 순환을 원활하게 만든다. 다음으로 성장을 돕는다. 호르몬 흐름을 바로잡아 뿌리털과 곁뿌리가 잘 자라게 하고 스트레스 관련 호르몬을 낮춰 뿌리 구조가 유리해지게 한다. 셋째는 방어 태세의 강화다. 항생 물질과 냄새 물질로 병원균을 눌러주고 식물의 방어 체계를 미리 대비 모드로 끌어올려 실제 공격이 왔을 때 더 빠르게 반응하도록 한다. 끝으로 거친 환경을 버티게 한다. 가뭄, 염분, 추위, 중금속 같은 스트레스가 닥쳐도 세포 손상을 줄이는 보호 장치를 가동한다. 목질부처럼 미세 환경이 다른 부위에서는 이 기능들이 공간을 나눠 맡아 나타나기도 한다.

연구는 보통 먼저 식물 겉을 소독해 부착한 미생물을 떼어낸 뒤 DNA를 분석해 누가 있는지를 확인한다. 그다음 현미경으로 어디에서 살며 무엇을 하는지 추가 분석한다. 무균 식물에 인위적으로 작은 미생물 군을 넣어 잘 살고 제대로 기능하는지도 검증한다. 최근엔 살아 있는 세포에서 나온 DNA만 골라 보고, 식물 속에서 만들어지거나 쓰이는 가스까지 함께 재 기능을 더 정확히 추정한다.

현장에서 활용할 때는, 종자를 코팅하거나 모종을 담그거나 뿌리 주변에 부어주는 식으로 유익한 미생물을 넣는 방식이 흔하다. 다만 한 가지 균만 쓰면 성과가 들쭉날쭉하므로 그 지역 토착 미생물과 잘 어울리는 소규모 혼합제를 사용하는 것이 유리하다. 동시에 과다한 인 비료를 줄이고 불필요한 광범위 살균제 사용을 낮추며 흙의 통기와 배수를 개선하는 기본 관리가 중요하다. 도시와 산림 관리에서는 수종마다 다른 '내부의 특징적인 미생물'을 건강 모니터링 지표로 사용하고, 목질 내부 미생물이 만드는 그리고 소비하는 가스를 고려해 탄소·메탄 회계를 더 정밀하게 하는 과제가 남아 있다.

요컨대, 나무와 작물을 막론하고 식물의 내부는 '보이지 않는 장기'와 같은 미생물 생태계가 정밀하게 작동하는 공간이다. 목질 내부에서 확인된 변재·심재의 생태적 역할 분담과 1조 규모의 미생물 군집은, 식물을 홀로가 아닌 함께로 이해해야 함을 다시 한 번 일깨워 준다.

토양에서 식물로, 그리고 장으로의 미생물 전파

토양·식물·사람의 장에 사는 미생물은 영양을 순환하고 스트레스를 버티게 하며 면역 작용을 하는 데 핵심 역할을 한다. 여러 연구가 이 셋 사이에 미생물이 주고받는 연결 고리가 있음을 시사하지만, 세 환경이 한 줄로 이어진다는 강한 직접 증거는 아직 많지 않다. 다만 사람의 장내 미생물은 유전보다 식습관과 생활방식, 도시나 농촌 같은 환경의 영향을 더 크게 받는다. 또 토양과 식물에 살던 미생물이 과일·채소·물·먼지를 통해 장으로 들어올 수 있다. 반대로 사람의 배설물과 생활폐수는 다시 토양과 식물로 흘러가므로, 미생물과 그 유전자는 양쪽 방향으로 오간다.

이 축을 이해하려면 미생물을 두 가지로 나눠 보면 쉽다. 먼저 전문종은 특정한 환경을 특히 좋아해 그곳에 주로 머무르면서 토양의 원소 순환처럼 그 환경 안에서 맡은 일을 한다. 반대로 범용종은 대사와 스트레스 대응이 유연해 토양·식물·장 어디서든 적응해 살 수 있다. 식물 쪽에서는 뿌리와 공생해 인·질소 흡수를 돕는 곰팡이와 박테리아가 대표적이며, 식물은 뿌리에서 내는 화학 신호로 자기에게 맞는 미생물을 골라 불러들인다. 장 쪽에서는 공기가 거의 없는 환경에서 점액을 먹거나 섬유질을 발효해 짧은사슬지방산을 만드는 미생물이 장벽을 튼튼히 하고 염증을 낮추는 데 핵심이 된다. 바실러스, 유산균, 슈도모나스처럼 여기저기서 발견되는 범용종은 대체로 도움이 되지만, 살모넬라나 시겔라처럼 상황에 따라 해를 일으키는 경우도 있다.

토양·식물·사람 장 사이의 상호작용은 몇 가지 공통 원리로 설명할 수 있다. 첫째, 박테리아의 겉면 분자들은 식물과 사람의 선천면역이 알아보는 공통 신호라서 비슷한 면역 반응을 일으킨다. 둘째, 항생제 내성이나 세포외 점액층 같은 성질을 만드는 유전자는 환경과 장 사이를 옮겨 다닐 수 있다. 셋째, 서로 다른 미생물이 서로의 대사산물을 먹이로 쓰는 '교차 영양'이 일어나 섬유질 분해나 비타민 공급 같은 기능이 이어진다. 넷째, 식물과 사람은 각자의 화학 신호, 면역 상태, 식단에 따라 자신에게 유리한 미생물을 골라 정착시켜 고유한 군집을 만든다.

이 연결 고리를 건강한 방향으로 돌리면 긍정적 되먹임이 가능하다. 다양한 토양 미생물은 식물의 병원체를 억제하고 작물의 영양 성분을 끌어올리며, 그런 식품은 사람의 장에서 유익균과 짧은사슬지방산을 늘려 염증을 줄이고 대사를 돕는다. 일상에서 자연과 토양을 자주 접하면 어린 시절 면역 발달에 특히 이롭다. 앞으로는 종보다 기능이 더 중요하므로, 균주 수준까지 무엇을 하는지 추적하고 시간이 흐르면서 토양-식물-동물의 장을 오가는 미생물과 유전자의 흐름을 장기적으로 살피는 연구가 필요하다.

6장

박테리아와 인체가 만날 때

하나가 된다는 것은 언제나 많은 것들과 함께 되는 것이다.
―도나 해러웨이Donna Jeanne Haraway, 1944~●

 미생물은 생물막, 사회성 곤충의 초유기체, 식물과의 공생을 거쳐 마침내 동물의 신체 내부에 공생하는 '마이크로바이옴microbiome' 단계에 다다른다. 마이크로바이옴은 인체의 세포와 맞먹는 수의 박테리아로 구성되며, 건강과 밀접한 관계를 맺고 있다. 동물 맞춤형 마이크로바이옴은 오랜 역사를 가진 공진화에 의해서 이루어진다. 이런 점에서 생명체는 고립된 개체가 아니라 공생체이며, 건강과 진화는 이 얽힘을 어떻게 조율하느냐에 달려 있다.

● 도나 J. 해러웨이, 《종과 종이 만날 때》, 최유미 옮김, 갈무리, 2022, 12쪽.

판다의 변신

2022년 1월 〈한겨레〉는 오래도록 풀리지 않던 질문 하나를 흥미로운 방식으로 해명하고 있다. 영양분이 거의 없는 대나무만 먹고 사는 판다가 어떻게 그렇게 살찐 몸매를 유지할 수 있는가라는 물음이었다. 학술지 《셀 리포트Cell Reports》에 실린 중국 연구팀의 논문에 따르면, 야생 대왕판다는 계절에 따라 대나무의 먹는 부위를 바꾸고 그때마다 장내 미생물 생태계, 즉 마이크로바이옴을 유연하게 재구성해 영양을 더 잘 취하는 것으로 나타났다. 즉 판다는 먹이 선택과 마이크로바이옴 변화를 통해 체형을 유지한다.

판다는 일 년 내내 대나무를 먹지만, 계절마다 선택하는 부분이 다르다. 8월 말부터 이듬해 4월까지는 잎을 주로 먹다가, 4월 말에 죽순이 나오면 여름 내내 어린 죽순을 즐겨 먹는다. 대나무 잎은 지방이 4%도 안 될 만큼 적지만 단백질은 상대적으로 많아 판다는 에너지의 절반 가량을 단백질 형태로 충당한다. 흥미로운 점은 대왕판다가 육식동물의 소화 기관을 지닌 채 초식 생활에 적응했음에도 여전히 단백질 의존도가 늑대만큼 높다는 사실이다. 불곰이 연어로 지방을 비축하듯, 판다는 죽순으로 단백질을 집중 섭취해 영양 부족을 메운다. 실제로 죽순의 단백질 함량은 32%로 잎의 19%보다 훨씬 높다.

따라서 판다는 같은 양의 먹이를 먹더라도 잎을 먹을 때보다 죽순을 먹을 때 지방을 훨씬 많이 축적하고 체중을 늘릴 수 있다. 그 비밀은 장내 미생물 생태계의 재편에 있다. 배설물을 계절별로 분석해 보니, 죽순을 먹는 시기에는 장 속에서 낙산을 생성하는 박테리아가 크게 증가했다. 이들이 만든 낙산은 일주기 유전자의 발현을 촉진해 지방을 합성하고 저장하는 기능을 강화해 준다. 그 덕분에 판다도 곰처럼 겨울과 번식기를 대비해 몸집을 키울 수 있게 된다.

판다의 장내 미생물이 계절에 따라 달라진다는 건 예전부터 알려졌지만, 연구자들은 대변 미생물 이식을 사용하여 그게 체중 증가와 어떻게 연결되는지까지 밝혀냈다. 멸종 위기종인 판다를 직접 실험할 수 없어서 무균 생쥐를 대상으로 판다의 대변에서 얻은 미생물 군집을 옮겨 심었고, 죽순철의 미생물을 받은 생쥐가 잎 철의 미생물을 받은 생쥐보다 체중과 지방이 훨씬 더 증가한다는 것을 확인했다. 이런 방법은 앞으로도 야생동물의 미생물 생태계 이해와 질병 치료에 폭넓게 응용될 수 있을 것이다.

여기서 말하는 마이크로바이옴microbiome이란 특정 환경에 존재하는 모든 미생물microbe과 생태계biome의 합성어이다. 다시 말해, 마이크로바이옴은 우리 몸과 환경 속에서 생명과 영양, 그리고 진화를 매개하는 미생물의 보이지 않는 생태계 그 자체를 가리킨다.

인체와 마이크로바이옴

환경으로부터 획득하는 마이크로바이옴

생애 초기에 어떤 마이크로바이옴을 획득하느냐는 평생의 건강과 직결된 문제다. "사람은 태어날 때 100% 인간이지만, 죽을 때는 절반이 미생물이다"라는 말이 과장이 아니다. 우리는 살아가는 동안 환경에서 온 미생물을 계속 받아들이고, 그 일부는 결국 신체의 기능을 이루게 된다. 태아는 자궁에서 거의 무균 상태다. 출생 순간 산도를 지나며 어머니의 질·장내 미생물을 물려받고, 이후 모유 수유와 돌봄 과정에서 바깥 미생물이 더해진다. 반면 제왕절개로 태어나거나 분유를 먹는 아기는 병원 환경, 의료기구, 피부, 공기 등 여러 경로에서 미생물을 받아들인다. 이것은 "출처가 다양하다"는 뜻일 뿐 반드시 좋은 일이라는 뜻은 아니다. 자연분만 아기는 초기 군집을 비교적 빠르게 균형 잡기 쉬운 반면, 제왕절개 아기는 이런 균형을 형성하는 데 변수가 더 많다. 유아의 미숙한 면역계는 이런 정착 과정을 유연하게 받아들이기 위한 진화적 장치일 수 있으나, 실제로 제왕절개와 분유 수유 아기에서 자신의 세포나 조직을 공격하는 면역 혼동 상태인 자가면역질환 위험이 통계적으로 유의미하게 높다는 점은 초기 미생물 구성의 차이가 면역 발달에 장기적 영향을 줄 수 있음을 시사한다.

장내 마이크로바이옴은 출생 후 장에 자리 잡아 성인이 될 때까지 머무르는 박테리아 군집과, 특정 음식을 섭취할 때 획득하는 프로바이오틱 박테리아 같은 단기 박테리아로 구성된다. 세 살 무렵이 되면 아이의 마이크로바이옴은 안정적으로 확립되는데, 모체 수직 전파, 개인의 유전적 구성, 식이, 항생제와 같은 약물, 위장 감염 및 스트레스를 포함한 여러 요인에 의해 형성된다. 이렇게 확립된 마이크로바이옴은 이후 평생 건강의 바탕이 된다.

마이크로바이옴은 구강, 피부, 비뇨생식기, 장 등 신체의 거의 모든 표면에 자리 잡은 수많은 미생물들의 네트워크다. 박테리아와 고세균이 그 주류를 이루며, 세균을 감염시키는 바이러스인 박테리오파지bacteriophage도 중요한 구성 요소로 포함된다. 이 생태계는 단순히 공존하는 것이 아니라 숙주의 생리적 과정과 깊숙하게 얽혀 있으며, 면역, 대사, 심지어는 정신 상태에도 직접적인 영향을 미친다.

마이크로바이옴이 중요하다는 사실이 알려지면서 과학자들은 그 구성성분을 정확히 파악하고 사람마다 어떻게 다른지 살피는 데 힘을 쏟고 있다. 그런데 전통적으로 쓰는 배양 접시 방법은 한계가 크다. 많은 미생물이 실험실에서 잘 자라지 않기 때문이다. 이를 보완한 방법이 메타유전체 분석이다. 마이크로바이옴 샘플을 통째로 모아 그 안의 모든 DNA를 한꺼번에 읽는 방식이다. 이 방법의 초기 결과는 매우 컸다. 242명의 사람에게서 기도, 구강, 질, 소화관 등 18개 부위 시료를 모았더니 무려 1만 종의 미생물과 800만 개의 유전자가 확인되었다. 이는 인간 유전체 유전자 수의 약 350배에 해당한다. 이렇게 방대한 미생물 유전자 정보는 이들이 인간 숙주에 어떤 기여를 하는지 밝히는 열쇠가 된다. 결국 마이크로바이옴 연구는 인간을 이해하기 위한 '또 하나의 유전체'를 발견하는 과정이라 할 수 있다.

인체 마이크로바이옴의 수와 무게

오랫동안 교과서와 대중 매체에서는 사람의 몸에 존재하는 미생물의 세포 수가 사람 세포의 열 배다, 그 수는 100조에 달하고 무게는 몇 킬로그램이라는 주장이 반복적으로 인용되었다. 하지만 최근 이스라엘 와이즈만 연구소에서 정밀하게 분석한 결과 인체의 박테리아는 약 38조 개이며, 대부분이 장, 특히 대장에 집중되어 있다. 대변 1g에는 1천억 개가 있을 만큼 대장은 미생물들이 가장 많이 살고 있는 곳이다. 이들을 모두 더한 무게는 200g 정도다. 사람의 세포 수를 약 30조로 계산하면 미생물과 사람 세포의 비율은 거의 1:1에 가깝다.

미생물과 사람 세포 수가 비슷하다는 사실은 인체 마이크로바이옴의 존재론적 위상을 새롭게 인식하게 만든다. 미국의 인체 마이크로바이옴 프로젝트Human Microbiome Project,

HMP와 유럽의 MetaHIT_{Metagenomics of the Human Intestinal Tract} 같은 대규모 메타유전체 기반 연구에 따르면, 대장의 마이크로바이옴만 해도 고유한 유전자가 330만 개가 넘는데, 이는 인간 유전체의 약 2만 개보다 무려 150배에 달하는 규모다. 인체 마이크로바이옴은 단순한 편승객이 아니라 인체가 홀로 수행할 수 없는 기능들을 대신하거나 보완한다. 면역 발달을 돕고 병원균의 침입을 막고, 에너지 대사에 필수적인 짧은 사슬 지방산을 합성하며, 비타민 생산에도 기여한다. 결국 인간과 마이크로바이옴은 세포 수에서나 유전자 수에서나 분리될 수 없는 공동체이며, 우리의 생리적 정체성은 이 공존을 전제로 이해되어야 한다.

마이크로바이옴과 질병

우리는 흔히 박테리아를 '병균'으로만 여겨, 더럽고 피해야 할 것으로 생각한다. 그러나 실제로 질병을 일으키는 것은 일부 병원체일 뿐이며, 대부분의 미생물은 해롭지 않다. 오히려 최근의 생물학 연구는 사람의 건강이 상당 부분 몸에 서식하는 마이크로바이옴에 달려 있음을 보여주고 있다. 마이크로바이옴은 숙주의 유전자 발현을 조절하고 면역계를 성숙시키며, 건강을 유지하는 데 필수적인 역할을 한다. 그러나 이 마이크로바이옴은 결코 고정된 것이 아니다. 우리가 섭취하는 음식과 약물, 그리고 환경 속 유해 물질들은 미생물의 조성과 다양성을 곧바로 바꾼다. 자가면역질환이 늘어나는 현상도 이런 불안정한 상호작용의 결과로 볼 수 있다.

예를 들어 대장에 사는 마이크로바이옴은 인체와 무관하게 공존하는 것이 아니라 숙주를 위한 대사적 기능을 수행한다. 이들은 비타민 B12와 K를 합성해 제공하고, 장 안쪽에 생물막을 형성해 영양소 흡수를 촉진한다. 이 생물막은 우리 몸의 특수 조직처럼 기능하며, 건강과 질병을 가르는 생태학적 구조를 형성한다. 최근 연구자들은 특정한 미생물 조합이 비만이나 심혈관 질환의 발병 위험과 연관될 수 있음을 밝혀내고 있다. 소가 반추위에 박테리아가 있어야만 셀룰로스를 분해하듯, 인간 역시 장내 미생물 없이는 생리적 기능을 온전히 수행할 수 없다.

임상 연구는 마이크로바이옴의 중요성을 점점 더 확실히 보여준다. 신생아 괴사성 장염을 앓는 아기의 장내 미생물은 건강한 아기와 뚜렷이 다르며, 어떤 미생물 조합은 비만이나 당뇨, 자폐 스펙트럼 같은 질환과 관련이 있다고 보고된다. 자폐 아동의 장에서만 보이는 특정 박테리아가 이런 연관을 시사하지만 이것이 병의 원인인지 병 때문에 생긴 변화인지는 아직 모른다. 다만 자폐 아동의 장내 생태가 일반적인 경우와 다르다는 점은 분명하다. 지난 10년간 수만 편이 넘는 논문이 질병과 마이크로바이옴 사이의 복잡한 얽힘을 여러 방식으로 드러냈다.

이런 흐름은 치료법도 바꾸고 있다. 이제는 항생제로 미생물을 없애는 데서 그치지 않고 건강한 미생물 군집을 회복하려는 데도 집중한다. 프로바이오틱스가 든 발효식품이 한 예이고 더 직접적인 방법으로는 '분변 이식'이 있다. 건강한 사람의 장내 미생물을 환자에게 옮겨주어 위험한 감염을 고치는 방식이다. 절차는 단순하지만 성공률이 아주 높게 보고되어 장내 미생물 생태계를 회복시키는 일이 치료의 핵심 전략이 될 수 있음을 보여준다.

마이크로바이옴 연구는 장을 대상으로 그치지 않는다. 예를 들어 소 결핵균BCG을 사람의 방광암 치료에 쓰기도 한다. 살아 있는 균을 방광에 넣어 면역계를 깨우면 암세포를 공격하도록 만드는 효과가 나타난다. 정확한 작동 방식은 아직 완전히 밝혀지지 않았지만 이런 사례는 마이크로바이옴이 단순한 '감염원'이 아니라 치료에까지 쓰일 수 있는 동반자임을 보여준다.

결국 몸은 하나의 독립된 개체라기보다 복잡한 생태계다. 마이크로바이옴은 그 한가운데에서 인간과 함께 살며 건강과 질병의 방향을 좌우한다.

미생물과 장-뇌 축

장-뇌(뇌-장) 축은 장과 뇌가 서로 주고받는 양방향 연락망이다. 장에는 스스로 운동과 분비를 조절하는 고유 신경망이 있고 여기에 10번 미주신경, 교감신경, 척수 경로가 전선처럼 연결된다. 면역물질, 호르몬, 신경펩티드 같은 신호가 빈틈을 메우며 정보를 실어 나른다. 그래서 장을 '제2의 뇌'라 부른다. 장과 뇌가 마이크로바이옴까지 포함해 하나의 큰 회로처럼 함께 작동한다는 말이다.

이 회로에서 장내 마이크로바이옴이 핵심 역할을 한다. 우리와 공생하는 균, 우리가 섭취하는 프로바이오틱스, 때로는 병원균까지가 장벽의 상태와 면역 반응, 장 신경의 민감도, 그리고 짧은사슬지방산 같은 대사산물을 통해 신호를 만들고, 이 신호는 미주신경 등을 타고 뇌로 전달된다. 여기서는 특히 장에서 뇌로 가는 방향에 초점을 두어 마이크로바이옴이 어떻게 뇌 기능과 행동 및 정신 건강과 이어지는지를 현재 근거를 바탕으로 정리한다.

장내 마이크로바이옴은 태어날 때부터 형성되어 평생 바뀐다. 면역 성숙을 돕고, 장 운동과 장벽 유지, 영양 흡수와 지방 분포를 조정해 몸의 '기본값'을 설정한다. 무엇이 들어 있는지는 어머니로부터의 초기 전파, 식단과 약물(특히 항생제), 감염, 스트레스의 영향을 크게 받는다. 큰 그림으로 보면 사람들의 마이크로바이옴은 몇 가지 대표적인 패턴으로 묶일 수 있지만 절대 고정된 것은 아니다. 항생제를 한 번만 사용해도 몇 달에서 몇 년 동안 영향을 받을 수 있고, 오랜 식습관은 마이크로바이옴에 장기간 영향을 미친다. 과민성장증

후군이나 염증성장질환에서는 이 안정성이 자주 무너진다.

사람을 대상으로 한 연구들도 연결 고리를 시사한다. 예를 들어, 간성뇌병증 환자에서 변비약과 경구 항생제를 사용하면 인지나 행동이 호전되는 경우가 있는데, 이는 장내 마이크로바이옴이 만든 산물들이 뇌에 영향을 준다는 신호다. 자폐 스펙트럼에서도 항생제를 사용한 뒤 일시적으로 호전되었다는 보고도 있지만, 사람을 대상으로 사용하려면 보다 확고한 근거가 더 필요하다.

가장 설득력 있는 증거는 동물에서 왔다. 장에 병원균을 넣으면 눈에 띄게 염증이 생기기 전부터 불안, 초조 등의 증상이 늘고, 미주신경과 연결된 뇌 부위가 먼저 활성화된다. 감염이 오래 지속되면 내장 감각과 장 기능, 뇌의 염증 신호와 식욕 회로가 바뀌고, 감염이 사라진 뒤에도 그 흔적이 남는다. 공생 마이크로바이옴의 존재 자체가 스트레스 반응과 뇌 영양 신호의 '기본값'을 설정한다는 점도 확인됐다. 무균 생쥐는 스트레스 축이 과민하고 뇌 영양 신호가 낮지만, 공생 마이크로바이옴을 심어주면 정상에 가까워진다. 유전자가 같은 무균 마우스라도 어떤 마이크로바이옴을 옮겨주었는지에 따라 탐색성이나 불안성 같은 행동이 달라진다.

프로바이오틱스는 이 회로를 의도적으로 조정하는 도구다. 어떤 균주는 장 염증을 크게 낮추지 않고도 불안이나 우울과 비슷한 행동을 완화하기도 하며, 이 효과가 미주신경을 끊으면 사라진다는 보고가 있다. 장 통증 과민도 마이크로바이옴 교란으로 악화되지만, 유익균을 넣어주면 통증을 느끼는 기준이 다시 올라간다는 결과가 나왔다. 때로는 박테리아 표면 분자의 아주 작은 화학적 차이나 장세포의 아편·칸나비노이드 수용체 발현 증가가 진통 효과를 좌우하는 열쇠가 된다.

작동 경로는 한 가지가 아니라 여러 가지가 겹친다. 미주신경·교감신경·척수 같은 신경 경로, 면역과 호르몬 같은 체액 신호, 짧은 사슬 지방산 같은 대사 신호, 박테리아 성분을 감지하는 면역 센서가 층층이 얽힌다. 어떤 상황에서는 미주신경이 꼭 필요하지만, 다른 상황에서는 비중이 작다. 유전적 배경, 식단, 스트레스·염증 상태에 따라 매 순간 어느 경로가 더 크게 작동할지를 결정하며, 그 과정에서 마이크로바이옴의 상태가 그 스위치를 조절하는 핵심 조절자로 작용한다.

앞으로의 과제도 분명하다. 복잡한 미생물 군집 속에서 뇌에 실제 영향을 미치는 핵심 기능과 대사 신호를 골라내기 어렵고, 어떤 균이냐보다 그 마이크로바이옴이 무엇을 만들어내는가가 더 중요할 수 있다. 측정 기술이 제각각이라 연구들끼리 바로 비교하기도 쉽지 않다. 그래도 동물에서 정리된 원리를 인간의 시간척도와 개인차에 맞게 옮기려는 시도는 충분히 의미가 있다. 만성 장 질환과 함께 나타나는 불안이나 우울, 통증 과민, 인지 변화는 장-뇌 축의 틀로 다시 볼 수 있다. 또한 장내 마이크로바이옴의 균형을 회복하고 신경·면역·대사 신호를 재조율하려는 접근이 새로운 치료의 한 축이 될 수 있다.

박테리아 세계 속 동물

생명과학을 다시 쓰라는 명령

지난 20여 년 동안 유전자와 유전체를 정밀하게 읽어내는 기술이 급속히 발전하면서 우리는 박테리아가 생각보다 훨씬 다양하고 어디에나 존재한다는 사실을 알게 되었다. 공유된 서식지에서의 느슨한 접촉이든 장 속 공생처럼 친밀한 결합이든 박테리아와 동물의 만남은 다섯 가지 점에서 우리가 동물 생물학을 보는 시각을 근본적으로 바꾸었다. 첫째, 박테리아는 동물의 기원과 진화를 어떻게 추동했는가. 둘째, 서로의 유전체가 어떻게 서로에게 영향을 주고받으며 바뀌었는가. 셋째, 동물이 정상적으로 발달하기 위해서 왜 박테리아 파트너에 의존해야 하는가. 넷째, 동물의 항상성은 어떤 신호와 대화로 유지되는가. 다섯째, 생태계 안에서 이러한 상호작용은 어떻게 중첩되어 작동하는가. 요컨대 자연을 제대로 이해하고자 한다면 모든 생물학자는 이 관계망을 정면으로 다뤄야 한다.

동물과 박테리아의 연결은 어제오늘의 일이 아니다. 동물 계통이 원생생물 조상에서 갈라져 나오기 훨씬 이전부터 원생생물과 박테리아는 포식과 공생을 오가며 이미 복잡한 규칙을 만들고 있었다. 동물의 가장 가까운 원생생물 친척인 동정편모충류는 박테리아를 먹고 박테리아 신호에 반응해 군체를 형성하며, 동물의 신호·부착 단백질과 상동인 분자들도 갖는다. 다세포성이 처음 생길 때도 특정 박테리아 신호에 반응해 분열과 접착을 조율하는 이런 고대의 상호작용이 개입했을 가능성이 크다. 이후 동물이 다양해지면서 박테리아는 단순한 먹이가 아니라 영양 대사의 동반자, 장기 형태와 기능의 설계자, 심지어 특정 동물 계통과 함께 진화하는 독특한 계통을 수립했다. 동물이 사라질 때 그 서식 틈새에 특화된 미생물도 함께 사라지는 까닭이 여기에 있다.

이 오랜 동거는 유전체에도 선명한 흔적을 남겼다. 동물의 많은 유전자는 박테리아 유전자와 유사성이 크며, 그중 일부는 박테리아로부터 직접 옮겨온 것, 즉 수평적 유전자 이동의 결과이기도 하다. 동물은 자기 유전자만으로 부족한 대사 기능을 공생 미생물의 유전자로 보완해 왔다. 많은 미생물들은 필수 아미노산 만들기, 빛이나 화학에너지로 에너지 얻기, 복잡한 다당 분해 같은 일을 아웃소싱한다. 장내 미생물 군집은 숙주의 식단에 맞춰 빠르게 구성원이 바뀌고, 박테리아끼리 유전자를 교환하여 그 적응 속도를 높인다. 일본인의 장내 박테리아가 해조 다당 분해 유전자를 바닷미생물로부터 수평적으로 획득한 사례는 이 다층적 얽힘을 상징적으로 보여준다. 반대로 세포내 공생처럼 극도로 밀착된 관계에서는 박테리아 유전체가 과감하게 축소되기도 하고, 장처럼 자원이 풍부한 환경에서는 특정 유전자 군이 크게 확장되기도 한다. 심지어 조류나 포유류의 체온 유지 능력이 장내 발효 효율과 맞물려 선택되었다는 가설도 있어 대사 생태와 생리가 미생물과 함께 공진화해 왔음을 시사한다.

박테리아와 동물의 연관성이 처음 어떻게 진화했는지를 이해하면 오늘날 그러한 상호작용을 지배하는 기초적인 생태학적 규칙을 파악할 수 있다. 동물은 박테리아가 출현한 지 약 30억 년 후, 진핵세포가 처음 출현한 지 10억 년 후인 지금으로부터 7~8억 년 전에 원생생물 조상으로부터 갈라진 것으로 예측된다. 현재 원생생물과 박테리아에서 볼 수 있는 포식으로부터 공생에 이르는 관계는 동물이 등장했을 때부터 미리 작용하고 있었던 것 같다. 이 때문에 고대로부터 비롯된 이런 원핵생물-박테리아 상호작용에 관심을 갖는다면 다세포성이 나타난 원인이나 형태학적으로 복잡해진 원인과 같이 후생동물 진화에서 우리가 궁금해하는 점에 대해 더 잘 이해하게 될 것이다.

분자 및 세포 데이터를 바탕으로 동물과 깃편모충류 원생생물은 이제 깃편모충류와 유사한 공통 조상에서 갈라졌다고 간주된다. 동물-박테리아 상호작용의 주요 토대인 영양, 인식, 세포 부착 및 신호 전달을 통해 깃편모충류에서 동물이 기원하는 데 중요한 역할을 한 포식이나 군체 형성이라는 두 가지 종류의 행동을 이해할 수 있다.

동물-박테리아 상호작용으로 초기 동물이 다양해지고 진화가 새로운 방식으로 지속되었다. 공생 또는 서식지 공유를 통한 동물과의 공진화는 박테리아의 분포와 다양성에도 영향을 미쳤다. 예를 들어 흰개미 내장에 있는 박테리아 종의 90%는 다른 곳에서는 찾아볼 수 없다.

계통공생

2007년, 세바스티안 프라우네Sevastian Fraune와 토마스 보슈Thomas C. G. Bosch는 담수 폴립인 히드라 불가리스*Hydra vulgaris*와 히드라 올리각티스*Hydra oligactis* 두 종의 마이크로바이옴을 조사했다. 그들은 곧 이 두 종이 수십 년 동안 동일한 인공 먹이(염수 새우 유생)와 동일한 실험실 조건하에서 사육되었음에도 불구하고 크게 다른 박테리아 군집을 갖고 있음을 밝혀냈다. 더 놀라운 것은 이러한 실험실 배아 히드라들이 북독일 호수에서 갓 채집된 동일한 히드라 종의 미생물군과 매우 유사한 군집을 보였다는 점이었다. 이 관찰은 히드라 숙주가 연관된 미생물군에 대해 강력한 선택 압력을 가하고 있다는 것을 의미한다.

이후의 연구에서 그들은 이 관찰을 여러 히드라 종으로 확대하였고, 총 7종의 히드라에서 계통공생적인 숙주-미생물 관계를 확인할 수 있었다. 연구에 포함된 종들은 최대 30년 동안 동일한 환경 조건(표준화된 먹이를 포함) 아래 단순한 물이 담긴 플라스틱 용기 속에서 개별적으로 사육되었다. 하지만 그 미생물 조성은 현저하게 달랐고, 고도로 계통공생적인 패턴을 보여주었다. 인상적인 사실은 동일한 조건에서 30년이 지나도록 각 종은 여전히 고유한 박테리아 지문을 유지하고 있었다는 점이다. 따라서 히드라의 마이크로바이옴은 분명히 진화의 계통적 흔적을 반영하고 있다.

이 놀라운 종 특이성의 메커니즘을 찾기 위해 진행된 후속 연구에서 히드라의 선천면역계의 주요 구성 요소인 항균 펩티드가 중요한 역할을 한다는 사실이 밝혀졌다. 형질전환 폴립과 무균axenic 폴립을 활용한 정교한 실험 설계와 공통 환경 실험을 통해, 아르미닌arminin이라 불리는 종 특이적 항균 펩티드 군으로 미생물 및 공간적 변이의 원인을 보다 기계론적으로 설명할 수 있음을 알게 되었다.

배양 접시에서 무균 히드라를, 각 종마다 고유한 박테리아 군집을 가진 히드라와 함께 키워보았다. 그러자 무균 히드라는 주변의 박테리아 중에서 자기 원래 미생물군과 비슷한 무리를 선택하였다. 존 F. 롤즈John F. Rawls 등이 제브라피시와 생쥐 사이에서 미생물군을 서로 옮겼을 때도 비슷한 결과를 보고한 바 있다.

하지만 히드라에서 아르미닌 관련 기능이 소실되면 이런 선택 능력이 크게 줄어들어, 종에 특이적이지 않은 뒤섞인 박테리아 군집이 형성되었다. 반대로 자기의 고유한 박테리아를 접종하면, 정상 히드라든 아르미닌 결핍 히드라든 비슷한 수준으로 박테리아가 안정적으로 서식했다. 이는 종 특이적 미생물군이 숙주의 항균 펩티드에 어느 정도 내성을 가진다는 뜻이다.

따라서 숙주의 면역계는 박테리아 공생자를 선택하는 데 있어 실질적인 역할을 수행한다. 그렇다면 동물은 자신의 미생물 파트너를 어떻게 바꿀까? 쇠렌 프란첸부르크Sören Franzenburg의 연구에 따르면 빠르게 진화하는 항균 펩티드의 변화만으로도 숙주 연관 미생물 구성이 크게 바뀔 수 있다. 즉, 숙주의 급변하는 유전자와 거기에 맞춰 박테리아 파트너가 적응하는 과정이 맞물리면 종분화의 계기가 될 수 있다.

히드라를 보면, 숙주의 계통이 바뀌면 마이크로바이옴의 계통도 같은 패턴으로 바뀐다. 즉 숙주 계통도와 마이크로바이옴 계통도가 일치한다. 그래서 히드라에서는 숙주와 마이크로바이옴이 오랜 시간 함께 진화하며 짝을 이루는 현상인 '계통공생'이 뚜렷이 확인된다. 비슷한 현상은 사회성 곤충에서도 관찰됐다. 로버트 브러커Robert M. Brucker와 세스 보든스타인Seth R. Bordenstein은 기생말벌 나소니아*Nasonia*를 같은 먹이로 길러도 서로 가까운 종들 사이에 장내 마이크로바이옴이 다르며, 그 차이가 각 종의 유전체 관계와 평행적으로 변한다는 사실을 보여주었다. 정리하자면 히드라, 나소니아, 또는 포유류 등에서 특정 마이크로바이옴이 특정 숙주 계통과 오랫동안 꾸준히 연결되어 함께 변해온다는 점이 놀랍다. 이는 숙주와 미생물군이 단순하게 우연히 동거해 온 것이 아니라 함께 밀접하게 진화해 온 동반자임을 뜻한다.

유기체의 정의

유기체는 공생체이다

진화학자 리처드 르윈틴Richard C. Lewontin, 1929~2021은 유기체●를 '이질적인 존재'로 간주해야 한다고 말했다. 실제로 생물철학자 토마 프라되Thomas Pradeu, 1978~도 유기체의 구성 요소들이 서로 이질적이라고 분명히 정의한다. 여기서 이질적이라는 말은 단순히 서로 다르다는 뜻을 넘어서 원래 유기체 외부에 있던 것에서 온 부분까지 포함한다는 뜻이다. 다세포 유기체는 수많은 부품들로 구성되어 있으며, 그중 상

● 참고문헌들에서 동일하게 표현된 organism을 이 책《얽힌 생명의 역사》에서는 개체 간의 연결성을 강조할 때는 유기체로, 나머지 경우에는 생명체로 표현하고자 한다.

당수는 유기체 안에서 스스로 생성된 것이 아니라 외부에서 들어와 자리 잡은 것이다. 다시 말해, 유기체는 수많은 외래 기원의 요소들이 모여 이루어진 결합체이며 결코 혼자서 저절로 구성되는 존재는 아니다.

이 이질성은 숙주 내 공생 박테리아들이 수행하는 기능적 역할을 통해 잘 설명된다. 인간은 자신의 세포, 즉 난자에서 유래한 세포와 거의 맞먹는 수의 공생 박테리아들로 구성되어 있다. 이 공생 박테리아들은 대부분 장에 서식한다. 이들 중 많은 수는 편성 공생 생물들로, 숙주 외부에서는 생존할 수 없으며, 숙주 역시 이들 없이 생존할 수 없다. 이들은 소화와 면역을 비롯하여 필수적인 생리적 기능을 수행한다. 이 박테리아들은 숙주의 다른 구성 요소들과 지속적이고 본질적인 생화학적 상호작용을 수행한다. 특히 숙주의 면역 수용체와 주고받는 신호는 숙주가 자기 세포와 주고받는 신호와 본질적으로 다르지 않다.

핵심은 유기체 내부에 서식하는 공생 박테리아들은 단지 유기체 안에 존재하는 것이 아니라 그 유기체의 일부라는 것이다. 누군가는 이들 공생 박테리아가 서식하는 장이 진정한 내부 기관이라기보다는 유기체와 바깥이 맞닿은 경계면일 뿐이라고 이의를 제기할 수도 있을 것이다. 피부, 구강, 폐, 질 등 많은 박테리아가 서식하는 유기체의 다른 경계면들에도 같은 반론이 적용될 수 있다. 하지만 포유류의 10개 기관계 중 8개가 정상적인 박테리아들과 지속적으로 상호작용하며, 이런 모습은 사실상 거의 모든 유기체에서도 마찬가지다. 환경적 경계면을 유기체의 정의에서 제외하려는 시도는 결국 유기체 내부에 외부 영향으로부터 자유로운 진정한 내부성이 존재한다고 가정하는 셈인데, 그렇게 하면 실제로는 유기체의 거의 모든 기능적 요소를 놓치게 된다. 생태학자 패트릭 블랭댕Patrick Blandin의 말처럼, 유기체는 "경계면들이 국지적으로 집중된 것"이다. 숙주에 의존해 살아가는 공생 박테리아들은 포유류만이 아니라 절지동물, 식물, 군체 생물에서도 널리 발견된다.

오늘날 면역학자들과 생물학자들은 장내 공생 박테리아를 유기체의 정의에 포함하는 개념을 더 많이 수용하고 있다. 앤 오하라Ann M. O'Hara와 퍼거스 샤나한Fergus Shanahan은 장내 마이크로바이옴을 잊힌 기관이라 명명하며, 이러한 박테리아들을 "실제로 신체의 일부"라고 말한다. 스콧 길버트Scott F. Gilbert, 1949~와 데이비드 에펠David Epel, 1935~은 면역학적 방법을 이용하여 같은 주장을 더욱 발전시켰다. 그 결과 처음에는 대담하고 낯설게 여겨졌던 이 관점을 지금은 많은 전문가들이 자연스럽게 받아들이고 있다.

유기체도 진화한다

유기체를 종이나 집단, 더 넓게는 계통의 구성요소라고 부를 때도 '유기체란 무엇인가'라는 물음은 그대로 남는다. '생활 기능을 가진 동식물' 같은 사전적 정의는 곰팡이처럼 예외를 놓치고, 기준을 단순 나열하는 데 그친다. '생명체의 동의어'라는 정의는 너무 넓어, 다세포 생명체의 한 조직인 세포도 스스로 생명의 속성을 드러낸다는 점을 흐린다. 결국 핵심은 개체를 실제로 '살아 있게' 만드는 성질, 곧 유기체가 어떤 종류의 살아 있는 개체인지에 대한 규정에 달려 있다.

먼저 용어부터 정리해 보기로 하자. 피터 고드프리-스미스Peter Godfrey-Smith, 1965~는 《다윈적 집단과 자연선택 Darwinian Populations and Natural Selection》(2009)에서 환경과 통합적으로 상호작용하는 넓은 범주의 실체를 느슨하게 "유기체"라 부르되, 자연선택의 영향을 실제로 받는 단위를 더 엄격히 "다윈적 개체"라고 구분한다. 이 때문에 이론생물학에서는 유기체 중 일부만을 '개체'로 부르는 관행이 생겼지만 직관적으로는 유기체야말로 개체처럼 느껴진다. 여기서는 개체를 유기체라고 넓게 쓰되, 유기체·세포·계통이 무엇으로 이루어지고 어떻게 작동하는지를 구체적으로 살펴보겠다.

대부분의 생물학자는 조건을 나열해 유기체를 정의한다. 유기체는 박테리아나 아메바처럼 단일세포이거나, 한 세포의 후손들이 기능과 형태가 분화된 채 하나로 통합되어 작동하는 전체다. 두 번째 경우의 세포 무리는 공통 조상에서

멀지 않아 유전적으로 거의 비슷하며, 이를 흔히 '단일 유전체 분화 세포주MDCL'라 부른다. 즉 유기체는 단세포이거나 MDCL 전체, 그리고 세포는 독립 유기체이거나 MDCL의 일부다. 다만 이런 설명만으로는 유기체를 기관이나 군집 같은 다른 생물학적 단위와 어떻게 구분할지 결정적 기준이 충분히 드러나지 않는다.

이제 '생물학적 개체'라는 더 넓은 범주를 보자. 간, 줄기세포, 사자 떼는 모두 생물학적이고, 안에서 부분들이 통합되어 외부와 구분되는 단위다. 하지만 그냥 모아놓았다고 개체가 되는 것은 아니다. 개체라면 주변 세계와 기능적으로 상호작용해야 한다. 사미르 오카샤Samir Okasha, 1970~가 말했듯 '개체'라는 말은 실제로 애매한 용어라서 무엇을 개체로 볼지는 맥락과 목적에 달려 있다. 존 A. 뒤프레John Andrew Dupré, 1952~는 한 걸음 더 나아가 '무차별적 개체주의'를 제안한다. 예를 들어 지의류를 보자. 다세포 곰팡이와 수많은 광합성 박테리아가 얽혀 있는데, 경우에 따라 곰팡이, 박테리아, 둘이 함께 이룬 지의류 전체를 개체로 다룰 이유가 있다. 즉 개체의 경계는 하나로 고정되지 않으며 연구 목표와 관심사에 따라 유동적이다.

그렇다면 유기체는 '무엇을 하는가', 즉 기능으로 구별할 수도 있다. 그중 가장 설득력 있는 답은 번식이다. MDCL의 개별 세포와 달리, 유기체나 MDCL 전체는 잠재적으로 무한히 자손을 남길 수 있는 능력을 지닌다. 그러나 이 정의에도 문제가 있다. 공생 때문이다. 미생물은 흔히 자율적이고 독립적인 존재로 여겨지지만, 실제로는 다세포 생물과의 공생에 의존하거나 서로 얽혀 생물막을 형성한다. 이 생물막은 접착, 대사 분업, 면역 회피 등 여러 기능이 나뉘어 작동하는 집단적 실체로, 데이비드 헐David Lee Hull, 1935~2010의 구분에 따르면 단순한 '복제자'라기보다 환경과 상호작용하는 행위자인 '상호작용자'에 가깝다. 또한 기존 생물막과 비슷한 새로운 생물막이 만들어지더라도, 그것은 하나의 모체가 복제된 결과가 아니라 여러 세포가 새로 모여 조립된 결과다. 따라서 유기체를 번식만으로 구분하는 것은, 공생처럼 복잡하게 얽힌 생명 시스템을 설명하기엔 충분하지 않다.

고드프리-스미스가 제시한 다윈적 개체 기준은 단일세포에서 이어진 후손들의 결속, 부모와 자식의 계보, 생식의 역할 분담 등을 포함하며, 하나의 세포주인 MDCL을 기본 모델로 삼는다. 그러나 실제 자연은 이보다 훨씬 복잡하다. 대부분의 다세포 생물은 미생물과 얽혀 하나의 통생명체로 존재한다. 인간의 소화, 발달, 면역 기능 또한 공생 미생물에 깊이 의존한다. 그렇다면 자연선택이 작동하는 단위는 어디에 있을까. 어떤 경우에는 MDCL 자체일 수 있고, 또 어떤 경우에는 미생물 집단이나 통생명체 전체 혹은 생물막처럼 여러 종이 얽힌 연합체일 수도 있다.

포드 둘리틀W. Ford Doolittle, 1942~은 "가수가 아니라 노래를 보라"는 말로 문제를 새롭게 본다. 자연선택의 대상이 꼭 특정 개체일 필요는 없고, 통생명체나 생물막에 퍼져 있는 기능의 패턴일 수도 있다는 뜻이다. 만약 유사한 기능적 조합이 환경 속에서 거듭 출현하고 유지된다면, 그 자체가 일종의 계통적 연속성을 가진다고 볼 수 있다. MDCL이 재생산으로 이어진다면, 통생명체와 생물막은 재구성으로 이어진다. 진화의 경로는 하나만 있는 게 아니다.

이 지점에서 MDCL이라는 틀은 오히려 추상적이라는 사실이 드러난다. 실제 세계는 통생명체와 생물막 그리고 일부 독립 미생물로 가득 차 있다. MDCL은 실험대 위에서 떼어내서 볼 때만 또렷해질 뿐 실제로는 공생의 그물망 속에 잠겨 있다. 항생제로 일시적으로 '분리'시킬 수는 있어도 그렇게 분리된 채 오래 제대로 기능하는 생명은 없다.

결론은 분명하다. 개체의 경계는 본질적으로 흐리다. 어떤 미생물이 통생명체의 일부인지, 일시적 동승자인지, 병원성 침입자인지를 하나의 기준으로 가를 수 없다. 이때 유기체를 고정된 '존재자'로 보려는 시도는 난관에 봉착한다. 유기체는 고정된 속성으로 항구히 존속하는 것이 아니라 발달·대사·교란·복구가 이어지는 시간의 흐름, 곧 과정으로 성립하기 때문이다. 알-애벌레-번데기-나비는 공통의 본질이 아니라 인과적으로 이어진 하나의 연쇄다. 살아 있는 동안 유기체에는 셀 수 없이 많은 사건이 일어나고, 그 사건들의 조직화가 바로 생존이다. 이 조직화는 환경으로부터의 에너지 유입과 물질 교환에 의존한다. 그래서 유기체는 독립적이고 자율적이며 분리 가능하다는 '실체' 관념과 어긋난다. 공생과 물질 교환으로 경계는 본질적으로 흐려지고, 연속성은 고정 속성이 아니라 과정에서 생겨난 결속이다.

결국 유기체는 고정된 '대상'이 아니라 흐르는 '과정'이다. 더 정확히 말해, 유기체는 세포·미생물·환경이 여러 층에서 상호작용하는 매듭에서 유지되는 구조적 안정성이다. 우리는 편의를 위해 이 흐름을 잘라 '개체'라고 부르지만, 생명의 장면은 언제나 얽힘 속에서 다시 짜인다. 자연선택은 이 얽힘을 따라 MDCL, 미생물, 생물막, 통생명체 같은 여러 수준에서 동시에 작동하며, 어떤 경우에는 '가수'가 아니라 '노래', 즉 특정 개체가 아니라 기능의 패턴이 선택된다. 생명은 노아의 방주처럼 개별 사물을 나열한 목록이 아니라 서로를 파악하고 서로에게 응답하며 이어지는 사건들의 역사다.

7장

얽힌 둑

갖가지 식물들이 뒤덮고, 덤불 위에서는 새들이 노래하며, 여러 곤충이 이리저리 날아다니고, 축축한 흙 속으로는 벌레들이 기어가는 얽힌 둑 entangled bank을 바라보는 일은 흥미롭다.

-찰스 다윈●

다윈의 자연선택설은 유전학과 결합하면서 신다윈주의로 발전했고, 여러 생물학 분야와 통합되어 현대적 종합을 이루었다. 유전자가 설계도이자 지휘자처럼 모든 형질과 행동을 미리 정해놓았다고 가정하니, 변화의 역사나 환경과의 상호작용은 뒷전으로 밀리게 된다. 이 관점이 더 나아가 '이기적 유전자'식 해석으로 사회 현상까지 단순한 논리로 설명하려 든 것이 문제다. 그러나 역설적으로 DNA 혁명이 낳은 진화발생생물학과 생태학의 결합은 이 서사를 뒤틀었다. 발

● Darwin, C. E., *On the Origin of Species by Means of Natural Selection*, John Murray, 1859, p. 489. 저자 번역.

달과 적응은 환경과의 만남 속에서 이루어지며, 그 효과는 발현 조절·돌연변이 빈도·변이형 우세성 등 여러 경로로 자손에게 이어질 수 있음이 드러났다. 더 나아가 많은 생명체는 다른 종과의 상호작용 없이는 정상적으로 발달하거나 번식하지 못한다. 이런 사실은 유기체와 공생자를 하나의 진화 단위인 통생명체로 보는 관점을 지지하며, '공생 발생'이라는 개념을 요구한다. 생명과학은 '박테리아의 세계 속 동물'에 맞는 역사–생태적 진화 관점으로 더욱 확장되어야 한다.

유전자 중심설과 현대적 종합

그레고어 멘델Gregor Johann Mendel, 1822~1884은 완두 교배 실험을 통해 형질이 섞여 사라지는 것이 아니라 작고 분리된 단위로 자손에게 전해진다는 사실을 보여주었다. 1900년에 휘호 더프리스Hugo Marie de Vries, 1848~1935와 카를 코렌스Carl Erich Correns, 1864~1933, 구스타프 체르막Gustav Tschermak von Seysenegg, 1836~1927이 이를 다시 확인하면서 멘델의 규칙은 통계적 법칙으로 자리 잡았다. 이어 월터 서턴Walter Sutton, 1877~1916과 테오도르 보베리Theodor Boveri, 1862~1915는 감수분열에서 염색체가 짝을 이루었다가 갈라지는 과정이 멘델의 분리와 독립 법칙과 맞아떨어진다는 점을 들어 유전자가 염색체 위에 있다고 주장했다. 분자유전학은 이 유전자가 실제로 DNA라는 물질로 이루어져 있음을 밝혔다. 앨프리드 허시Alfred Day Hershey, 1908~1997와 마사 체이스Martha Chase, 1927~2003는 박테리오파지가 세포를 감염할 때 단백질 껍질이 아니라 DNA가 세포 안으로 들어가 자손을 만든다는 사실을 보여 DNA가 유전물질임을 증명했다. 이어 제임스 왓슨James Dewey Watson, 1928~2025과 프랜시스 크릭Francis Harry Compton Crick, 1916~2004은 염기가 서로 짝을 이루는 성질을 바탕으로 DNA의 이중나선 구조를 제시했고, 이 모델은 DNA가 어떻게 스스로 복제되는지를 설명하는 물리·화학적 근거가 되었다.

20세기 중반 이후 분자생물학의 '중심 교리Central Dogma'는 1958년에 프랜시스 크릭이 제시한 분자생물학의 기본 원리로, 생명현상을 우연과 기계적 과정으로 설명하려는 생각에 기대어 형성되었다. 이 관점에 따르면 유전은 세대를 건너 DNA에 담긴 정보가 이어지는 일이며, DNA는 생물을 다시 만들기 위한 설계도를 품고 있다고 본다. DNA의 유전정보가 먼저 RNA로 옮겨지고, RNA는 단백질을 만든다. 단백질이 몸의 구조와 기능을 이루므로 정보는 DNA에서 RNA를 거쳐 단백질까지 한 방향으로 곧게 흘러가는 것으로 설명된다.

다윈주의Darwinism는 찰스 다윈이 《종의 기원》(1859)에서 제시한 진화 이론으로, 생명은 고정된 형태로 창조된 것이 아니라 자연선택을 통해 환경에 적응하며 변이한다고 본다. 그는 생명체의 공통 조상, 종의 변이, 점진적 진화를 주장했지만, 유전이 어떻게 이루어지는지는 알지 못했다. 신다윈주의Neo-Darwinism는 20세기 초 멘델의 유전법칙이 재발견된 뒤, 다윈의 자연선택 이론을 유전학과 결합한 다윈주의의 개정판이라고 할 수 있다. 즉, 무작위적인 유전자 돌연변이와 재조합이 변이를 만들고, 자연선택이 그 변이를 걸러내거나 유지함으로써 진화가 진행된다는 관점이다. 생명의 변화는 느리고 점진적이며, 개체 수준에서의 적응이 핵심이라고 본다.

이 신다윈주의를 여러 생물학 분야(유전학·생태학·집단유전학·고생물학 등)와 연결해 하나의 통합된 틀로 만든 것이 현대적 종합Modern Synthesis이다. 1930~1940년대의 학자들은 진화는 유전적 변이가 개체 집단 속에서 자연선택을 통해 누적되는 과정이라고 정의했다. 대표적으로 20세기의 다윈이라 불린 에른스트 마이어Ernst Walter Mayr, 1904~2005는 다윈의 진화론을 다섯 가지 명제로 요약했다. 종은 불변하지 않으며, 모든 생명체는 공통 조상을 공유하고, 진화는 점진적으로 이루어지며, 종은 번식하고, 마지막으로 자연선택이 작동한다는 것이다. 신다윈주의와 현대적 종합은 유전자가 무작위 돌연변이와 재조합을 통해 변이를 만들고, 그 변이가 개체 수준에서 자연선택을 거쳐 점진적으로 누적된다는 설명을 핵심으로 한다.

중심 교리와 현대적 종합은 생명현상을 DNA와 RNA, 단백질 같은 기본 단위의 작용으로 주로 설명하는 접근으로, 환원주의적 성격이 뚜렷하다고 볼 수 있다. 이 관점의 핵심은 DNA가 우연히 돌연변이를 일으키고 그 변화가 생물의 생존에 더 유리하거나 불리한 모습의 차이를 만든다. 프랑스의 분자생물학자 자크 모노Jacques Lucien Monod, 1910~1976는 《우연과 필연Le Hasard et la Nécessité》(1970)에서 이런 시각을 대표적으로 옹호했는데, DNA를 생물 전체의 생산을 지휘하는 보편적 장치로 보았고 생명을 인간의 가치와 무관한 물리·화학 법칙이 지배하는 기계적 과정으로 이해했다. 그는 돌연변이는 우연히 생기지만 한번 생기고 나면 생명은 선형적이고 기계적인 법칙을 따라 전개된다고 주장했다.

프랑수아 자코브François Jacob, 1920~2013는 DNA를 세 글자씩 묶인 코돈 64가지로 이뤄진 문자 체계처럼 보았다. 64가지 코돈이 20가지 아미노산을 가리키는데, 서로 다른 코돈이 같은 아미노산을 뜻할 수 있으니 아미노산을 '동의어'에 비유했다. 자코브에서 유전 프로그램은 생물체에게서 배우지도 않고, 세계와 같이 변하지도 않는다. 다만 가끔 복제 과정에서 실수가 생겨 새로운 표현형 차이가 나타나고,

그것이 환경 속에서 시험을 받아 살아남거나 사라진다. 이렇게 세대를 거치며 우연히 생긴 실수가 번식으로 퍼지기도 하고 사라지기도 하면서 결과적으로 DNA가 간접적으로 바뀌어간다고 본다.

리처드 도킨스는 뛰어난 비유로 다윈의 생각과 자신의 진화 이론을 쉽게 설명해 널리 알린 사람이다. 그는 《이기적 유전자 The Selfish Gene》(1976)에서 유전자를 자연선택이 직접 겨냥하는 기본 단위인 복제자로 보고, 사람을 포함한 모든 생물을 그 복제자를 실어 나르는 운반체로 본다. 그래서 유전자가 성공하느냐 실패하느냐는 얼마나 좋은 운반체를 만들어내느냐에 달려 있다고 말한다. 두 존재는 맞물려 움직인다. 운반체는 자기 자신을 위해서가 아니라 유전자의 증식을 돕고, 유전자는 그 일을 하도록 운반체를 만든다. 그는 《확장된 표현형 The Extended Phenotype》(1982)에서 이 생각을 더 넓힌다. 몸과 가족을 넘어 사회적 집단과 관계, 그리고 동물이 만들어내거나 살아가는 환경의 흔적까지도 유전자가 바깥으로 드러내는 표현형의 일부로 본다. 또 도킨스는 문화에도 유전 단위가 있다고 보고 그것을 '밈'이라 이름 붙였다. 밈은 모방과 경쟁을 통해 퍼지고 살아남으며 자연선택의 법칙을 따른다고 설명한다.

우리나라에서는 아직 도킨스식의 강한 유전자 결정론이 영향력을 갖고 있지만, 유전자 혼자서 형질을 다 정한다는 생각은 실제와 맞지 않다. 같은 유전형이라도 자라는 과정과 둘러싼 환경에 따라 나타나는 모습과 기능이 달라질 수 있고, 많은 유전자와 그 스위치 구실을 하는 조절 서열, 그리고 유전자 위에 더해지는 화학적 표시 같은 요인들이 서로 얽혀 작동해 결과를 만들기 때문이다. 그렇다고 유전자의 중요성이 약해지는 것은 아니다. 온건한 의미에서 보면 유전자는 세대 사이를 건너가며 비교적 안정적으로 보존되고 복제되는 정보의 핵심 매개이며, 발달 시스템이 읽고 실행하는 설계도 구실을 한다는 점은 여전히 탄탄하다. 둘째로 멘델 법칙이 왜 성립하는지는 분자 수준에서 꽤 잘 설명된다. DNA가 복제되고 감수분열에서 분리되며 교차와 독립 분배가 일어나기 때문에 멘델의 분리 법칙과 독립의 법칙이 나온다. 또 돌연변이와 재조합은 자손의 유전자 조합을 바꾸어 관찰되는 통계적 패턴을 만든다. 다만 유전자 발현의 양과 조절 네트워크, 표현형 가소성●까지 고려하면 모든 것을 분자만으로 깔끔히 환원했다고 말하기는 어렵다. 서로 다른 수준의 설명이 이어져 맞물린다고 보는 편이 더 정확하다. 셋째로 존재론적으로도 DNA가 멘델 유전학을 실현하는 핵심 메커니즘인 것은 맞지만, 그 메커니즘은 DNA 하나만으로 성립

● 같은 유전형 genotype을 가진 개체라도 환경에 따라 다른 표현형(형태·색·행동 등)을 나타내는 능력.

하지 않는다. 염색질의 상태와 조절 RNA, 발달 과정의 역학이 함께 작동하는 분자 수준, 세포 수준, 개체 수준의 여러 층이 함께 만든 체계다.

토마스 네일은 신다윈주의의 중심 교리가 역사를 무시하고, 결과에 맞춰 억지 원인을 꾸며내며, 그렇기 때문에 잘못되었다고 비판한다. 생식, 증식, 돌연변이는 완전히 우발적인 것도 아니지만 그렇다고 해서 그것들이 태어날 때부터 정해진 설계도나 고정된 역할, 그리고 DNA 암호에 적힌 내용을 그대로 복사하는 단순한 규칙에 따르는 일련의 생물-기계에 의해 전적으로 결정되는 것도 아니다. DNA, RNA, 단백질과 같은 거대분자는 견고한 실체가 아니라 접힘folding을 통해 역사적으로 출현했으며, 자신을 재생산하고 증식하기 위해 지금도 그 접힘의 동역학에 의존한다. 요컨대 생명의 구조는 수행적이고 창조적이며, 그 핵심에는 언제나 움직이고 변하는 접힘의 과정이 들어 있다. 네일의 주장은 DNA가 세포의 모든 기관과 기능을 재현하는 데 필요한 완전한 정보 집합을 담는 '주 분자'이고, 다른 모든 것은 DNA의 명령을 직접 따르기만 한다는 중심 교리와는 대조적이다.

유전자의 시대는 끝났다

　배embryo가 자라는 과정은 다세포 생명에서 가장 극적인 이야기 가운데 하나다. 모든 것은 수정란 하나에서 시작한다. 그 작은 세포가 계속 나뉘어 많은 세포가 되고, 이 세포들은 점점 서로 다른 길을 택해 끝내 서로 다른 구조와 기능을 지닌 조직과 기관을 만든다. 이것을 발달이라 한다. 발달은 크게 세 단계로 볼 수 있다. 먼저 세포가 계속 나뉘는 세포분열, 다음으로 세포가 각자의 역할을 정해가는 세포분화, 마지막으로 몸의 형태가 잡히는 형태형성이다. 처음에는 나누기만 해서 세포 덩어리가 되지만 어느 순간부터 세포는 단순히 늘어나는 것을 멈추고 간세포나 신경세포처럼 서로 다른 성격을 띠기 시작한다. 그러는 동안 세포는 모양을 바꾸고 이동하고 이웃과 상호작용하며 제자리를 찾아 몸의 윤곽을 만든다. 그렇다면 무엇 때문에 세포들은 이런 다른 길을 가게 되는가?

　모든 세포는 같은 유전정보를 갖고 있다. 그럼에도 불구하고 세포의 구조와 기능의 차이가 나타나는 것은 유전자가 서로 다르게 발현하기 때문이다. 특정한 시점과 환경에서 특정 유전자가 활성화되면 세포의 진로가 정해진다. 그래서 무엇이 같은 생물에서 세포의 구조와 기능의 차이를 나타내게 하는 특정 유전자의 스위치를 켜고 끄느냐, 특히 진화와 관련

하여 유전자의 작은 변화가 어떻게 몸 전체의 커다란 변화를 일으킬 수 있느냐가 발달의 핵심 질문이 된다. 이 점에서 발달생물학developmental biology은 단순히 세포를 나열해 보는 일을 넘어 세포들이 서로 영향을 주고받으며 스스로 질서를 만들어내는 원리를 탐구하는 학문이 된다. 특히 1970~1980년대 이후 동물의 기본 설계도와 기관 형성이 여러 종에 공통으로 쓰이는 일종의 유전자 도구 상자에 의해 통제된다는 점이 드러났다. 대표적인 사례가 호메오 박스 유전자이다. 종 간의 형태 차이도 구조 단백질이 통째로 바뀌어서 생긴다기보다 어떤 유전자를 언제 어디서 얼마나 켜고 끄느냐 같은 조절의 미세한 차이에서 주로 온다는 사실이 밝혀졌는데, 이것이 진화발생생물학evolutionary developmental biology, 줄여서 '이보디보Evo-Devo'라 불리는 새로운 학문 분야의 출발점이 되었다. 마침내 연구자들은 특정 발생 유전자의 변이가 단순한 기형의 원인이 아니라 장구한 시간에 걸쳐 진화를 이끈 동력일 수 있다는 통찰에 도달했다.

이보디보 연구자들의 핵심 과제는 서로 다른 다세포 생물들의 발생 과정을 비교하는 일이다. 이를 통해 개별 종의 발달 프로그램이 어떻게 진화했는지, 또 그 변화가 기존의 형질을 어떻게 수정하거나 전혀 새로운 형질을 낳았는지를 탐구한다. 분자생물학적 기술의 발전과 유전체 해독 속도의 비약적 향상 덕분에, 우리는 겉보기에 전혀 닮지 않은 생물들이 사실상 유전자 서열과 그 발현 조절에서 놀라울 만큼 큰 공통성을 지니고 있다는 사실을 알게 되었다. 따라서 발생 프로그램의 분자적 차이를 해명하는 것은 지구 생명의 다양한 형태와 그 진화 경로를 이해하는 데 결정적인 단서를 제공한다. 다시 말해, 이보디보는 발생의 유전적 프로그램이 어떻게 보존되면서도 다양성을 낳았는지를 탐구하며, 생명사의 심층 구조를 이해하는 데 핵심적인 길을 열어주고 있다.

메리 웨스트에버하드Mary Jane West-Eberhard, 1941~는 발달과 진화를 잇는 연구에서 시각을 넓혔다. 널리 알려진 이보디보가 조절 유전자와 몸 형태의 진화를 강조한다면, 그녀가 부각한 발생진화학developmental evolutionary biology '디보이보Devo-Evo'는 발달 가소성●과 개체와 종, 행동과 생리, 생활사 형질이 생겨나는 과정을 중심에 둔다. 이 흐름은 발달을 가능하게 하는 수많은 원천이 얽힌 그물 속에서 DNA를 하나의 구성요소로 보는 발달 시스템 이론●●으로 이어졌다.

이 논의가 확장되면서 '에코이보디보Eco-Evo-Devo'라는 학문이 형성되었다. 생태와 발달 시스템을 함께 보는 이 영역은 최근 생물학 지식을 크게 재배열한 실천으로 평가된다.

● 영양 상태에 따라 곤충의 성체 형태가 달라지는 예처럼, 개체 발달 과정에서 환경 조건에 따라 발달 경로나 결과가 달라질 수 있는 성질.
●● 리처드 르원틴, 수전 오야마Susan Oyama, 1943~, 에바 야블롱카Eva Jablonka, 1952~와 매리언 램Marion Jean Lamb, 1939~의 작업이 이런 관점을 대표한다.

스콧 길버트와 데이비드 에펠은 개체의 발달이 생태 조건과 계속 얽혀 있음을 보여주었고, 공중보건학자 낸시 크리거 Nancy Krieger는 몸을 시간을 따라 사는 생태계라고 부르며, 표현형이 단순한 유전 청사진이 아니라 사회적·진화적·세포적 역사 속에서 구체화된 과정임을 지적했다. 도나 해러웨이의 자연문화natureculture 개념, 바이오컬처bioculture와 바이오소셜biosocial 모델도 같은 맥락에 놓인다. 팀 잉골드Tim Ingold, 1948~와 기슬리 팔손Gísli Pálsson, 1949~은 생물학과 사회가 따로 떨어진 두 층이 아니라 같은 층위의 실재라고 주장한다. 이런 시각은 과학기술연구, 철학, 인류학, 문학 연구로 확장되었고, 문학과 몸의 역사, 후성유전 논쟁을 연결하는 다양한 사례 연구가 이어지고 있다.

인간 유전체 프로젝트Human Genome Project는 30억 8천만 개에 이르는 DNA 염기쌍을 대부분 해독하며 새로운 시대를 열었다. 그런데 예상과 달리 정크 DNA라 불리던 넓은 영역이 많이 발견되었고, 이것들은 결국 줄기세포의 유지나 세포의 증식과 자멸, 암과 같은 질병의 발생에 관여하는 중요한 조절 역할을 한다는 사실이 드러났다. 그 결과 하나의 DNA가 하나의 유전자, 하나의 단백질, 하나의 기능으로 곧장 이어진다는 단순한 그림은 더 이상 성립하지 않게 되었다. 같은 DNA 구간에서도 여러 전사물●이 나올 수 있고, 이들이 다시 다양한 단백질과 기능으로 이어질 수 있다는 복잡한 모습이 밝혀졌기 때문이다.

포스트유전체 시대가 열리면서 유전자는 고정된 사물이라기보다 연구에 쓰는 개념에 가까운 것으로 다루어진다. DNA도 낱개 부품이 아니라 유전체 전체의 맥락 속에서 이해된다. 어떤 DNA 조각이 발현될지는 수많은 요인에 달려 있고, 정보는 유전체 안에만 있지 않으며 개체 전체와 환경에 걸쳐 분산되어 있다. 유전체는 환경 신호에 끊임없이 반응하며 단백질 생산을 조율하는 동적인 체계로 본다. 그래서 연구의 초점도 단순한 지도 완성을 넘어, 세포와 개체 수준의 발달이 어떻게 이루어지고 시간이 흐르며 진화가 변하는 양상을 밝혀내는 쪽으로 넓어졌다.

이런 흐름 속에서 과학철학자 에벌린 폭스 켈러Evelyn Fox Keller, 1936~2023는 "유전자의 세기는 끝났다"고 선언했고, 팀 잉골드는 신다윈주의가 더 이상 유효하지 않다고 주장했다. 환경과 유전체의 경계는 공간적으로도 서로 스며들고 시간적으로도 유전체가 과거 환경을 기억한 흔적을 품고 있다. 따라서 유전과 진화는 닫힌 체계가 아니라 생명과 환경이 얽혀 함께 만들어가는 열린 역사적 과정으로 보아야 한다.

●DNA에 저장된 유전정보가 RNA로 옮겨 적히는 과정이 전사transcription, 전사를 통해 만들어진 RNA의 집합이 전사물transcriptome이다.

환경의 힘

콘래드 핼 와딩턴Conrad Hal Waddington, 1905~1975은 1940년에 배아가 자라며 분화하는 과정을 설명하기 위해 후성유전적 풍경이라는 그림을 제시했다. 높은 언덕 위에서 공이 굴러 내려오면 여러 골짜기 중 한 길을 따라 가장 낮은 곳에 도착하는데, 골짜기가 깊을수록 바깥에서 흔들어도 공이 다른 길로 새기 어렵다. 그는 이 비유로 수정란이 환경과 상호작용하는 유전자들의 영향 아래 특정한 경로로 안내되어 조직과 기관으로 분화한다는 점을 보여주고자 했다.

와딩턴이 만든 '후성유전학'이라는 말은 아리스토텔레스Aristotle의 후성설에서 따온 것으로 유전자형과 표현형을 이어주는 전체 발달 과정을 가리킨다. 다시 말해 유전물질이 어떻게 구체적인 모습과 기능으로 펼쳐지는지를 다루며 유전자와 결과 사이가 단순히 일대일로 대응하지 않는다는 점을 강조했다. 여기서 특정한 환경에서 더 알맞은 모양을 만들어내는 능력인 표현형 가소성이라는 생각도 나왔다.

오늘날 분자 후성유전학은 DNA 염기서열을 바꾸지 않고도 유전자 기능이 달라지고 그 변화가 세포분열이나 때로는 세대를 넘어 이어질 수 있는 현상을 연구한다. 여기에 DNA와 히스톤 단백질의 화학적 표지, 염색질 구조의 열리고 닫힘, 세포가 과거 상태를 기억하는 방식 등이 포함된다. 한 개체의 모든 세포는 같은 유전체를 지니지만 어떤 유전자를 켜고 끄느냐가 다르기 때문에 서로 다른 정체성을 갖는다. 또한 같은 세포라도 발달 신호나 환경 변화에 따라 발현 양상이 바뀔 수 있으므로 차이는 유전자의 보유 여부가 아니라 발현의 선택에서 비롯된다.

이런 선택은 DNA의 물리적 포장과 밀접하다. 사람의 염색체에는 길고 가는 DNA가 들어 있는데 히스톤 단백질에 감겨 여러 겹으로 접히며 촘촘히 감긴다. DNA와 히스톤이 이루는 뉴클레오솜이 더 굵은 섬유와 고리로 접혀 결국 염색체가 되며, 이렇게 단단히 감긴 영역은 전사 기계●가 접근하지 못해 유전자가 꺼진다. 따라서 세포는 단단히 감긴 특정 유전자를 오래 비활성화할 수 있다. 반대로 히스톤에 달라붙는 화학 표지가 바뀌면 발현이 달라진다. 예를 들어 히스톤에 메틸기가 붙으면 보통 더 조여져 전사가 억제되고 아세틸기가 붙으면 풀려 전사가 쉬워진다. DNA의 시토신에 메틸기가 더해지면 해당 유전자가 꺼지는 경우가 많고 이런 메틸화 무늬는 세포분열 뒤에도 이어져 어떤 조직은 배아 시절에 새겨진 표식을 오래 간직한다. 이렇게 염기서열 자체를 바꾸지 않아도 성질이 유지되거나 전해지는 현상이 후성유전이다. 다만 이런 효과가 세대를 얼마나 안정적으로 넘어가느냐

●DNA를 읽고 RNA를 합성하는 데 필요한 단백질들의 복합체 전체.

는 여전히 논쟁이 있다. 어떤 연구는 생식세포에 직접 표식이 새겨지거나 같은 환경이 반복되면 여러 세대에 걸쳐 이어질 수 있다는 점을 시사하지만 그 범위와 일반성은 더 검증할 필요가 있다.

대표적인 예가 2차 세계대전 말 네덜란드의 기근이다. 임신 말기에 심한 영양 부족을 겪은 어머니에게서 태어난 아이들은 보통보다 체구가 작고 대사 장애와 정신 질환의 위험이 높았다. 이 효과는 수십 년 뒤까지 이어졌고, 다음 세대에서도 비슷한 경향이 나타났다. 연구자들은 이러한 지속 효과가 DNA의 메틸화 같은 화학적 표지 변화와 밀접하게 연결되어 있음을 확인했다.

스웨덴 북부 외베르칼릭스의 자료도 비슷한 이야기를 들려준다. 19세기 말과 20세기 초에 태어난 여러 세대를 추적해 보니 조부모가 풍년을 겪었을 때 손자 세대의 심혈관 질환 위험이 높아지는 경향이 있었고, 흉년을 겪었을 때는 오히려 오래 사는 경향이 나타났다. 사춘기 이전의 흡연처럼 어린 시기의 생활습관도 특히 남성 쪽 혈통을 따라 후손에게 영향을 미칠 수 있음이 관찰되었다. 이는 후성유전적 변화가 어머니 쪽만의 문제가 아님을 보여준다.

이처럼 후성유전은 DNA 염기서열만으로는 설명하기 어려운 생명의 역동성을 드러낸다. 환경과 경험이 세포에 화학적 기억으로 새겨지고, 그 흔적이 세대를 넘어 전달되어 새로운 맥락에서 드러난다. 유전은 더 이상 닫힌 코드라기보다 역사와 환경이 포개진 살아 있는 기록에 가깝다.

사회 후성유전학이라 불리는 연구들은 사회적 조건과 경험이 세대를 건너 어떤 흔적을 남기는지 추적한다. 실험동물에서 어미와 새끼의 접촉을 막으면 해마의 유전자 발현과 스트레스 반응이 달라졌고, 사람에서는 아동기에 학대받은 경험이 DNA 메틸화 변화를 통해 우울과 공격성, 심지어 자살 위험을 높이는 것으로 보고되었다. 루마니아의 고아 연구에서는 사회적 박탈이 뇌 발달의 미숙과 텔로미어 단축으로 이어졌고, 영양 부족은 몇 세대에 걸쳐 대사와 생리적 가소성●을 바꾸는 경향을 보였다. 한나 랜데커Hannah Landecker, 1970~가 말하듯 음식은 단순한 영양이 아니라 유전자에 새겨지는 역사적 기억이 되기도 한다.

독성 물질의 영향도 세대를 가로질러 남는다. 베트남의 고엽제 피해와 그 자손, 캐나다 그라시 내로즈 지역 원주민의 수은 중독 사례가 그 예다. 노화와 관련해서는 알츠하이머병 환자의 뇌에서 나이에 따른 메틸화 변화가 관찰되었고, 식사와 운동, 사회적 활동이 후성유전 수준에서 질병 위험을 조절할 수 있음이 드러났다.

●생물이 내부 생리 작용(호흡, 순환, 대사율, 체온, 호르몬 등)을 환경 조건(온도, 산소, 영양, 스트레스 등)에 맞게 조절할 수 있는 능력.

이런 후성유전적 흔적은 식민 지배와 노예제, 집단적 트라우마의 역사에서도 발견된다. 페루 와리Wari 문명의 유골에서는 사회 변동기에 메틸화 변이가 크게 늘어난 흔적이 보였고, 홀로코스트 생존자의 후손과 9·11 당시 임신 중이던 산모의 아이들에서도 스트레스 조절과 관련된 변화가 보고되었다.

결국 후성유전학은 유전자를 사회적·역사적 이야기와 잇는 통로가 된다. 켈리 해프Kelly Happe의 말처럼, 이 연구는 복잡한 사건의 흔적을 몸속의 물질적 표지로 읽어내게 해준다. 유전은 고정된 문장이 아니라 사회와 환경 속에서 계속 쓰이고 바뀌는 이야기다.

이상의 여러 사례에서 살펴본 바와 같이 환경에서 비롯된 화학 표지가 자손에게까지 이어져 겉으로 드러나는 모습과 기능에 영향을 줄 수 있다는 점은 환경에 의해서 후손의 형질이 변화할 수 있다는 라마르크주의와 이어지는 고리로 자주 논의되어 왔다. 다시 말해 환경이 만든 후성유전적 변화가 몇 세대 동안 지속될 수 있다는 사실은 장바티스트 라마르크Jean-Baptiste Pierre Antoine de Monet de Lamarck, 1744~1829의 핵심 생각과 통한다. 그러나 인간에서 이러한 효과가 얼마나 안정적으로 세대를 넘어 이어질 수 있는지는 아직 불확실하다는 비판이 있다. 그래서 후성유전이 곧 라마르크주의의 부활이라고 단정하기보다, 특정한 경우에 라마르크주의의 요소가 부분적으로 보인다고 정리하는 쪽이 현재

학계의 중론에 가깝다.

경계 없는 몸

오랫동안 사람들은 몸과 뇌, 유전자와 세포를 경계가 뚜렷한 고정된 실체로 여겨왔다. 그러나 미생물학, 신경과학, 후성유전학, 면역학의 성과는 이 생각을 크게 흔들었다. 이제 생명은 닫힌 상자가 아니라 환경과의 상호작용 속에서 계속 바뀌는 열린 과정으로 이해된다. 여기서 '가소성'은 몸이 환경에 반응해 스스로를 조정하는 능력을 뜻하며, 생명이 덜 고정적이고 덜 일직선적이며 경계가 서로 스며들고 잘 변형되는 존재임을 가리킨다.

후성유전학은 스트레스와 독성 물질, 음식이 유전자 작동 방식에 흔적을 남기는 과정을 보여준다. 신경과학은 성인 뇌도 새로운 연결을 만들 수 있음을 밝힌다. 장내 미생물 연구는 우리의 소화계와 환경 속 미생물이 깊이 의존 관계에 있음을 드러내고, 면역학의 마이크로키메라 연구●는 임신한 여

●마이크로키메라microchimerism는 한 개체의 몸속에 유전적으로 다른 기원의 세포가 소량 존재하는 현상으로, 주로 임신 중 모체와 태아 간 세포 교환에서 비롯된다. 면역학에서는 자기/비자기 구분을 흐리는 사례로 주목받으며 면역 관용과 자가면역 질환 연구의 주요 주제로 다뤄진다.

성의 몸에 태아 세포가 오래 남아 있을 수 있음을 보여준다. 이런 사실들은 몸이 홀로 서는 독립체가 아니라 언제나 환경과 사회, 역사와 얽혀 다시 짜여지는 과정임을 말해준다.

후성유전학의 증거는 특히 설득력이 크다. 지금의 고통이 당대의 경험만이 아니라 조상이 겪은 상처의 흔적일 수 있으며, 그 흔적을 세포와 분자가 직접 보여주기 때문이다. 이때 몸은 처음부터 주어진 그릇이 아니라 외부의 영향이 새겨져 형성된 기록으로 나타난다. 그래서 후성유전학은 공중보건 정책과 사회 개혁을 요구하는 강력한 근거가 될 수 있다. 생명과학은 자아와 소유, 가족과 공동체 같은 범주를 다시 생각하게 만들고, 대리모처럼 법과 윤리의 쟁점에도 새로운 함의를 던진다.

이런 의미에서 생물학적 가소성은 서구 생명과학을 지배해 온 '고정된 생물학' 관념에 대한 해독제다. 몸의 안과 밖, 자연과 문화의 경계는 더 이상 단단히 유지되기 어렵다. 이는 성별과 인종을 본질처럼 고정해 보려는 시도를 약화시키고, 새로운 정치적·사회적 상상력을 가능하게 한다. 캐런 바라드, 비키 커비Vicki Kirby, 1950~, 도나 해러웨이 같은 신유물론적 페미니스트들은 이 점을 특히 강조하며, 생물학적 가소성이 페미니즘 이론과 실천에 지닌 잠재력을 부각한다.

바라드의 말을 빌리면, 후성유전 메커니즘은 본래 불확정적인 유전자를 특정한 성향과 특질을 지닌 몸으로 구체화하는 장치다. 이 장치는 생물과 환경의 경계를 그으면서 동시에 그 경계를 다시 그려 나가는 수행이기도 하다. 인과관계는 단순한 직선이 아니라 특정한 상황 속에서 물질적으로 드러나는 방식으로 작동한다. 과거의 기억과 미래에 대한 기대가 현재의 몸에 접히고 쌓이며 몸 자체가 역사와 가능성을 매개하는 장소가 된다. 커비의 시각으로 보면, 우리가 개인이라 부르는 것은 사실 끊임없이 나뉘고 변형되는 체계의 한 순간적인 꼬임일 뿐이며, 몸은 사회와 분리된 그릇이 아니라 사회적·역사적 흔적이 다시 물질이 되는 현장이다.

결국, 경계 없는 몸의 개념은 생물학과 사회학을 갈라놓는 이분법을 넘어서는 학제적 전환을 요구한다. 엘리자베스 윌슨Elizabeth A. Wilson이 지적하듯, 생물학을 결정론적이고 비정치적이라며 외면하는 태도는 학문 간의 풍부한 얽힘을 놓치는 일이다. 생물학은 사회와 떨어진 자율체계가 아니라 사회와 함께 얽혀 변형되는 과정이다. 그러므로 우리는 생물학을 경계하거나 배제하기보다 사회 연구와 나란히 탐구하며 몸과 세계, 자아를 이해하는 데 적극적으로 끌어들여야 한다.

공생 발생 이론과 신다윈주의 비판

공생 발생 이론

공생은 서로 다른 두 존재가 하나의 삶을 공유하는 방식으로 정의된다. 그것은 단순한 동거가 아니라, 때로는 선택적으로 때로는 필연적으로 이어지는 긴밀한 연합이다. 이러한 공생적 관계는 새로운 형질과 조직, 그리고 완전히 새로운 존재 양식을 만들어내며, 이를 공생 발생이라 부른다. 마굴리스는 평생에 걸쳐 공생 발생이야말로 진화를 이끄는 창조적 힘이라고 주장했다. 이는 논쟁적이었고 많은 진화이론가들은 이를 무시하거나 신다윈주의를 보완하는 것으로 보려 했다. 하지만 후성유전학이나 수평적 유전자 전달 같은 발견이 쌓이면서, 공생 발생은 진화를 재정의하는 데 있어 무시할 수 없는 열쇠로 떠올랐다.

이러한 논쟁은 단순히 생물학적 사실의 문제가 아니다. 공생 이론의 양가적 지위는 과학적 지식이 어떻게 발생하고 어떤 문화적·사회적 맥락 속에서 정당화되는지를 비추는 거울이기도 하다. 다시 말해, 진화에 대한 우리의 이해는 언제나 과학적 실험, 정치적 해석, 사회적 믿음이 교차하는 자리에서 만들어져 왔다. 라투르Bruno Latour, 1947~가 말했듯 과학은 완결된 진리가 아니라 끊임없이 수정되는 과정이며, 공생 발생은 이 과정이 얼마나 다층적인지를 보여준다.

더욱이 진화론은 언제나 사회적 삶에 대한 은유로 사용되어 왔다. 허버트 스펜서Herbert Spencer, 1820~1903에서 에드워드 윌슨Edward Osborne Wilson, 1929~2021, 리처드 도킨스에 이르기까지, 진화는 경쟁, 적응, 이타성 같은 개념을 생물학에서 사회로, 다시 사회에서 생물학으로 순환시켜 왔다. 그렇기에 사회과학자들이 공생 발생에 관심을 기울이는 것은 단순한 호기심이 아니다. 그것은 경쟁과 적자생존의 서사를 넘어 협력과 융합, 관계의 형성이라는 또 다른 기원을 탐구하는 행위다.

공생 발생 이론은 생명 진화의 역사에서 협력과 융합이 어떻게 창조적 힘으로 작용했는지를 보여주는 사유의 축이다. 이 개념을 구체적으로 이해하기 위해 흔히 두 가지 사례가 자주 소환된다. 하나는 지의류로, 조류나 시아노박테리아가 광합성을 제공하고, 곰팡이는 극한의 기후에서도 보호막을 형성하여 그 연합체를 유지한다. 다른 하나는 흰개미의 후장에 서식하는 원생생물 믹소트리카 파라독사*Mixotricha paradoxa*로, 이 작은 생물체의 표면은 스피로헤타 같은 미생물들이 덮고 있어 운동성을 제공하며, 내부에는 다섯 개의 서로 다른 유전체가 공존한다. 이 과정에서 DNA는 수평적으로 이동하며, 공생이 단순한 동거를 넘어 유전적 재조합과 진화적 실험을 가능하게 함을 보여준다. 생명은 고립된 경쟁자가 아니라 서로 얽히고 합쳐지며 새로운 가능성을 창조하는 존재였다.

신다윈주의 비판

고생물학자 스티븐 제이 굴드Stephen Jay Gould, 1941~2002는 다윈주의가 전제하는 점진적 진화의 틀에 부분적으로 의문을 제기했다. 그는 자연선택이 진화의 창조적 힘으로 작동하려면 작고 방향 없는 변이가 풍부하게 축적되어야 한다고 지적했다. 그러나 화석 기록에서 볼 수 있는 것처럼 실제 변이는 크고 불연속적이어서, 진화 과정이 긴 정체기(평형)와 짧은 급격한 변화기(단속)가 번갈아 나타난다는 단속평형설을 제시했다.

이와 달리 린 마굴리스의 공생 발생 이론은 돌연변이가 진화의 주요 원동력이라는 합의에 근본적인 이의를 제기한다. 그녀는 진화의 창조적 힘이 무작위 돌연변이가 아니라 전혀 다른 계통의 생물들 사이 결합과 공생에 있다고 보며, 진화를 경쟁의 결과가 아니라 관계와 협력의 역사로 다시 써야 한다고 주장했다. 얀 샙Jan Sapp, 1954~이 말했듯, 공생적 결합은 먼 계통의 유전물질을 단번에 모아놓음으로써 점진적 돌연변이의 축적보다 훨씬 큰 변화를 가능하게 한다. 이는 유전자가 수평적으로 전이되는 경우나 때로는 흔히 라마르크적으로 불리는 경로*를 통해서도 새로운 진화적 특성이 생길 수 있다는 점을 시사한다.

마굴리스의 공생 발생은 여러 점진적인 변화가 누적되는 방식이 아니라 단 한 번의 큰 결합 사건으로도 진화적 혁신이 일어날 수 있다고 설명한다. 이런 관점은 선택 단위에 대한 논쟁으로 이어진다. 신다윈주의는 보통 유전자나 개체를 자연선택의 기본 단위로 보지만, 공생 발생은 개체 자체가 실은 여러 생물이 공진화하며 결합된 조립체라고 본다. 마굴리스는 박테리아만이 진정한 개체에 가깝고, 동식물은 본질적으로 복합 공생체라고 주장했다. 따라서 선택은 개별 개체가 아니라 공생체 수준에서 작동한다고 본다. 요컨대 자연선택의 초점은 경쟁에서 상호작용으로, 개체에서 관계로 옮겨간다.

　사회성 아메바인 딕티오스텔리움 디스코이데움*Dictyostelium discoideum*의 생활사는 이를 잘 보여준다. 먹이가 부족해지면 흩어져 있던 아메바들이 모여 다세포처럼 하나의 몸을 만든다. 이때 이들은 동물·식물·곰팡이의 특징을 동시에 드러낸다. 그렇다면 이런 존재는 '개체'로서 어디에 속한다고 해야 할까? 이 사례는 개체라는 개념 자체를 흔들며, 공생과 협력이 종과 경계를 넘어 새로운 형태를 만들어내는 진화의 방식임을 보여준다.

　이처럼 공생 발생은 전통적 진화론이 동식물과 개체에 부

● 장바티스트 라마르크가 제시한 진화 개념으로 유전자의 돌연변이만이 아니라 환경적 변화나 생물의 행동, 공생, 후성유전epigenetics 같은 요인에 의해 획득된 성질이 유전적·기능적 수준에서 후대에 영향을 미칠 수 있는 경로를 가리킨다.

여한 특권을 흔들고, 유전이 반드시 부모에게서 자식에게만 수직적으로 전달된다는 생각도 무너뜨린다. 박테리아는 흔히 병원체로만 여겨졌지만, 실제로는 유전자가 서로 수평적으로 교환하는 결합을 통해 새로운 진화적 가능성을 열어왔다. 이것은 유성 생식과 개별 개체에만 중심을 두던 시각을 바꾸는, 인식의 큰 전환이다.

그렇다고 공생이 늘 협력적이고 평화로운 것만은 아니다. 지의류는 곰팡이가 조류를 수없이 공격한 끝에 생긴 결과이기도 하다. 공생은 환경과 시기에 따라 기생이 될 수도, 상리 공생이 될 수도 있다. 그래서 공생을 단순히 비용과 이익의 계산으로만 볼 수는 없다. 마굴리스는 오히려 공생이 만들어낸 새로운 생명 형태 자체가 진화의 새로움을 보여준다고 해석했다.

오늘날 공생 발생 이론에 대한 과학계의 반응은 엇갈린다. 어떤 과학자들은 공생 발생을 예외적인 경우로 취급하며 진화론의 핵심을 건드리지 않으려 하지만, 다른 과학자들은 이를 진화를 설명하는 점점 더 중요한 설명 틀로 받아들이고 있다. 미토콘드리아와 엽록체가 공생에서 기원했다는 증거는 이미 부정할 수 없는 것으로 인정되었고, 공생이 진화의 큰 동력이었을 가능성도 점차 받아들여지는 추세다. 다만 공생이 진화의 주된 창조적 동력이라는 마굴리스의 급진적인 주장에는 조심스러운 입장을 보인다.

결국 공생 발생 이론은 진화가 경쟁과 선택만으로 이루어진다는 다윈주의의 원리를 넘어, 관계와 결합, 그리고 협력과 충돌이 뒤엉킨 과정을 통해 새로운 생명 형태가 출현한다는 시각을 열어놓는다. 공생 발생 이론은 단순히 하나의 대안적 설명이 아니라, 생명과 진화를 이해하는 방식 자체를 근본적으로 전환시키려는 도전장이었다.

얽힘

다윈은 '얽힌 둑' 가설을 이야기하며 "생장과 번식, 번식에 거의 내포된 대물림, 생존 조건의 간접적·직접적 작용 및 사용과 불사용에서 기원하는 변이, 생존경쟁을 불러일으킬 만큼 높은 증가 비율"● 등 자연선택을 일으키는 법칙들이 다양하다고 강조한다. 애나 칭Anna Lowenhaupt Tsing, 1952~은 《세계 끝의 버섯The Mushroom at the End of the World》(2015)에서 다윈의 얽힌 둑 가설은 우리가 익히 알고 있다고 생각한 생물학을 뒤집는다고 말한다. "얽힘은 범주를 부수고 정체성을 뒤집는다."●●

● *On the Origin of Species by Means of Natural Selection*, pp. 489-490.
●● 애나 로웬하웁트 칭, 《세계 끝의 버섯》, 노고운 옮김, 현실문화, 2023, 251쪽.

진화는 '스스로 복제하는 유전자'만의 이야기라기보다, 종과 종이 우연히 만나 벌어지는 사건들의 누적으로 이해해야 한다. 이런 만남은 이미 작동이 결정된 기계처럼 돌아가지 않는다. 때로 안정된 상태가 만들어지지만 늘 시간, 장소, 상대에 따라 달라지는 만남의 우발성이 결과를 바꾼다. 그래서 어디에나 그대로 확대 적용되는 보편 법칙만으로는 자연을 설명하기 어렵다.

이 점은 현장에서 분명히 드러난다. 예컨대 높은산점배기숫돌나비는 애벌레 시기에 개미와의 만남이 없으면 살지 못한다. 애벌레는 몸에서 당분이 풍부한 분비물을 내어 개미에게 먹이를 제공하고, 그 대가로 개미는 애벌레를 포식자나 기생충으로부터 지켜준다. 따라서 '교배 가능한 나비 집단만 관리하면 종이 유지될 수 있다'는 식의 단순 모델은 통하지 않는다. 필요해 보이는 것은 여러 종이 얽혀 살아온 역사를 함께 살피는 시각이다.

이런 '역사성'은 다른 생물학적 층위에서도 확인된다. 우리 세포 자체가 오래전 박테리아와의 공생에서 비롯됐고, 사람의 DNA에는 바이러스 흔적이 박혀 있다. 오늘날 유전체 연구는 아예 이런 조우의 흔적을 찾아내는 데 집중하고 있다. 결국 개체군(집단) 연구도 역사와 만남을 외면할 수 없다.

이 전환을 이해하기에 곰팡이는 좋은 길잡이다. 일부는 비번식적 유전자 교환을 하고, 한 그루의 '동충하초' 안에 여러 종이 뒤엉키거나, 뽕나무버섯*Armillaria*의 균사에서 유전적 모자이크처럼 '개체' 경계가 흐려지기도 한다. 또 곰팡이는 지의류처럼 조류·시아노박테리아와 동거하고, 흰개미버섯처럼 서로의 생존을 위해 '버섯 농원'을 꾸리는 강력한 공생을 만든다. 중요한 것은 이런 결속이 표준화되어 대량 반복되기 어렵다는 사실이다. 각각은 특정한 만남의 역사가 유지시키기 때문이다.

그러니까 우리가 먼저 해야 할 일은 자연을 자세히 보고 기록하는 일이다. 어떤 종이 언제, 어디에서, 누구와 만나 무엇이 달라졌는지를 꼼꼼히 따라가야 한다. 이런 주의를 기울이는 기예로 한 걸음씩 추적할 때, 진화는 추상 이론이 아니라 시간 속에서 실제로 변해온 역사적 생명으로 새롭게 파악될 것이다.

칠레의 생물학자 움베르토 마투라나Humberto R. Maturana, 1928~2021와 프란시스코 바렐라Francisco J. Varela, 1946~2001는 생명체의 조직에 대한 정의를 개발하려는 시도의 일환으로 '자기생산autopoiesis'이라는 용어를 만들어냈다. 그들에 따르면 생명체계는 자신을 구성하는 요소들을 스스로 생산하고 재생산하며, 또한 그렇게 함으로써 자신의 동일성을 정의할 수 있는 능력으로 특징지어진다. 그래서 모든 세포는 그것이 속한 체계의 네트워크의 내부 작동들의 결과이지 외

부 개입의 결과가 아니라고 한다.●

그러나 우리는 이미 앞서 살펴본 바와 같이 생명을 더 이상 고립된 개체의 자기생산으로만 볼 수 없다는 사실을 알 수 있었다. 도나 해러웨이는 어떤 유기체도 스스로 자신을 만들어내지는 못하며, 따라서 어떤 것도 진정한 의미에서 자기생산적이지 않다고 주장한다. 자신이 되기 위해서는 다른 유기체들이나 환경과의 공동생산sympoiesis이 필요하다는 것이다. 생명의 모습과 기능은 수많은 만남이 남긴 흔적이며, 그 만남이 일어난 우발적 순간들의 누적이다. 같은 재료와 유전자를 갖고 있어도 누구를 언제 어디서 만나느냐에 따라 경로가 달라지고, 그 경로의 차이가 구조와 기능을 바꾼다. 생명은 그렇게 사건들의 역사로 자라났다.

이런 관점에서 보자면 '얽힌 생명의 역사'는 '생명이 얽힌 역사'이기도 하다. 우리가 건강과 생산성, 회복력을 높이려면 개체나 유전자 하나를 통제하는 데서 한 걸음 더 나아가 어떤 만남을 어디에 어떻게 배치할 것인가를 고민해야 한다. 생명을 이해하고 돌보는 가장 현실적인 길은, 그 만남의 역사—그때그때의 우발성이 만든 경로—를 읽고 다음 만남의 장을 더 잘 꾸리는 일이다.

● 움베르토 마투라나·프란시스코 바렐라, 《인식의 나무》, 최호영 옮김, 자작아카데미, 1995, 52쪽.

8장

지구 생명체를 낯설게 보기

> 가이아는 우주에서 본 생명이다.
> ―그렉 힌클Greg Hinkle●

    세포와 세포끼리 그리고 공생체와 환경이 서로 얽힌 생명은 마침내 행성적인 규모에 다다른다. 공생 관계의 생물들이 이루는 여러 생태계가 서로 맞물려 지구 표면에 거대한 통합 생태계를 이루는데, 이를 가리켜 '가이아Gaia'라고 한다. 제임스 러브록이 사이버네틱스를 바탕으로 만든 가이아 가설에 린 마굴리스는 공생과 자기생산의 관점을 보강해, 가이아를 하나의 생명체가 아니라 수많은 생명체가 얽혀 작동하는 메타생명(초생명) 시스템으로 재정의했고, 생물다양성을 그 유지 조건으로 강조했다. 신화적 오해를 걷어낸 가이아는 상

● 《공생자 행성》, 12쪽.

호작용 네트워크 자체이며, 인류세의 사상가들은 이를 '임계지대'에서의 거주 조건을 재설계하는 정치·윤리적 과제로 확장한다. 요컨대 인간은 얇은 지표의 행위자 중 하나일 뿐이므로, 행성의 조절 범위 안에서 되먹임을 이해하고 다양성과 순환을 보전하며, 더 정밀한 관측·통합 모델·학제 협업으로 거주 가능성을 유지해야 한다.

행성과 생명

제임스 러브록은 1960년대에 이미 살아 있는 지구라는 개념을 생각하고 있었다. 당시 그는 NASA에 화성 생명체의 존재에 대해 자문하는 일을 맡고 있었다. 천체망원경을 통해 분석한 기체 스펙트럼에서 그는 화성이 지구와 달리 비활성 기체들로 이루어진 안정한 대기를 갖고 있음을 알 수 있었다. 그래서 러브록은 바이킹 탐사선이 실제로 화성을 탐사하기 훨씬 전에 이미 생명이 존재할 수 없다는 올바른 결론을 내리고 있었다.

러브록은 이제 관심을 지구로 돌렸다. 천재 발명가이기도 했던 그가 1958년에 발명한 전자포획검출기는 대기 중 극미량 분자와 인위적 오염을 정밀 탐지할 수 있었다. 다른 행성들과는 달리 지구 대기는 오랜 시간 동안 화학적 불안정 상태를 유지하고 있었다. 대기 중에 산소가 20% 있어야 할 이유는 전혀 없었고, 산소는 모든 것과 반응하기 때문에 오래전에 사라졌어야 했다. 우주적인 시각으로 보자면 지구의 대기 조성은 다른 행성의 경우와는 사뭇 달랐다. 지구와 다른 행성의 차이점이 무엇일까 오랫동안 궁리한 그는 지구 생명체의 활동이 대기 조성에 체계적으로 개입하고 조절한다는 이론을 도출했다. 그는 지구 전체도 복사 에너지를 유입하고 방출하는 가운데 고도의 비평형 상태를 유지한다고 보았다. 이를 직관적으로 보여주기 위해 제시된 데이지월드 모델에서는 밝고 어두운 꽃의 분포가 행성의 반사율을 바꾸고, 그 변화가 다시 꽃의 상대적인 번식을 조절한다. 단순하지만 상반된 되먹임이 얽혀 평균 온도를 안정시키는 순환이 가능하다는 요점은 분명하다. 이후 생명체 기원의 에어로졸과 구름의 응결핵이 실제 복사 균형에 영향을 미친다는 관측으로 이런 직관이 맞는다는 것이 밝혀졌다. 쉽게 설명하자면 환경이 변화해도 포유류가 체온을 비교적 일정하게 유지하는 것과 마찬가지로 지구라는 시스템도 기온과 대기 조성을 일정하게 유지하는 항상성을 갖는다는 것이다.

생명체의 영향력은 대기·해양·지질에까지 미친다. 러브록은 생물권과 무생물 환경이 얽혀 대기 조성, 온도, 산도, 염도 같은 조건을 스스로 조절해 왔다는 통찰이 가이아의 핵심이라고 했다. 지구 대기 중 산소의 농도가 비정상적으로 높은

21%에 머무르는 것, 메탄과 이산화탄소의 농도가 장기적으로 억제되는 것, 해양의 염도가 안정 상태에 있다는 사실은 모두 대사와 순환의 부산물이라고 할 수 있다. 탄산칼슘 껍질과 산호의 형성, 규조류의 규산염 펌프, 미생물에 의한 암석 풍화 촉진까지 생명체는 지표의 화학을 세심하게 '조절해 온' 행위자였다. 이때 의도나 목적은 없다. 작고 지역적인 생명 활동이 장구한 시간과 넓은 공간에 누적될 때 전체 시스템의 작동이 바뀌는 것뿐이다. 러브록은 대기 및 해양의 화학에 새겨진 생명 활동의 흔적을 읽어내며, 행성 규모의 항상성이 단순한 우연이 아니라 되먹임 네트워크의 산물일 수 있음을 보여주었다.

가이아 가설은 처음 러브록이 제안한 뒤로, 지구를 살아 있는 생명체처럼 다룬다는 오해와 호기심 사이를 오갔다. 후에 러브록과 공동 연구를 하게 되는 린 마굴리스는 이처럼 가이아를 인격화하는 것을 유감스럽게 여겼다. 동시대의 린 마굴리스는 공생과 자기생산의 관점으로 이를 보강했다. 세포와 환경이 주고받는 상호작용이 내부 구조를 재조직하고, 그 결과가 다시 상호작용의 규칙을 바꾸는 순환—그 누적이야말로 가이아의 재료라고 설명했다. 미토콘드리아와 엽록체는 과거의 박테리아가 세포 안에 정착한 흔적이며, 수평적 유전자 이동과 세포 병합은 '도약적' 계통 변화를 만든다. 세포막 경계에서 오가는 이온, 미토콘드리아 내막의 신호, 조직과 환경의 교환은 하나의 패턴을 공유한다. 외부 교란이 내부 재조직을 유도하고, 재조직된 구조가 다시 외부와의 상호작용 방식을 바꾸는 재귀, 마굴리스는 이 순환을 행성 규모로 확장해 가이아라는 큰 그림으로 나타냈다. 그녀에 따르면 가이아는 커다란 하나의 생명체가 아니라 생명체들을 구성 요소로 포함하는 초생명 시스템이다. 생명체 은유의 범위를 정확히 하려는 맥락에서 마굴리스는, 끊임없이 작동하는 하나의 '몸'으로서의 가이아는 서로 연결된 약 천만 종의 생명체들에서 출발한다고 설명했다. 다윈주의와의 대립처럼 보였던 순간들도 있었지만, 실제로는 변이의 원천과 재조직의 경로를 넓혀 자연선택의 그물망을 촘촘히 만든 셈이었다.

린 마굴리스는 자신의 전공인 미생물을 연구하다가 1970년대 초에 생물이 일반적으로 받아들여진 것보다 대기에 더 큰 영향을 미친다고 추측하고 있었던 러브록과 접촉하게 되었다. 두 사람은 지구 자체—대기, 지질, 거기에 사는 생물—가 자기 조절하는 체계이며, 생물이 지구를 살기에 적합한 곳이 되도록 지상과 대기의 조건을 조절하는 데 기여한다는 이론을 주장했다.

생리학에서 말하는 대사는 결국 생물체의 활동이 만들어 내는 화학 과정이다. 다만 가이아를 구성하는 여러 화학적 네트워크가 얼마나 밀접하게 연결돼 있는지는 여전히 논쟁

중이다. 이른바 '약한 가이아'는 생명과 환경이 짝을 이뤄 상호작용하며 공진화한다고 보며, 지금은 거의 상식이 되어 이견이 드물다. 반면 '강한 가이아'는 생명이 있는 행성 전체를 하나의 살아 있는 시스템으로 간주하고 그 생명 활동이 그 시스템의 일부 변수를 능동적으로 조절한다고 주장한다. 특히 리처드 도킨스와 같은 신다윈주의자들은 강한 가이아가 진화의 단위가 될 수 없다고 비판하며, 제임스 커슈너James W. Kirchner 등은 가이아가 생명에 '유리하도록' 환경을 최적화한다는 강한 가이아는 목적론적이며 검증 불가능하다고 비판한다.

그러나 러브록과 마굴리스는 생물 다양성이 가이아를 유지하는 필요조건이라고 강조한다. 미리 정해진 '이상적인 종 구성표' 같은 것은 없고, 상황에 따라 어떤 종이든 필요한 역할을 맡을 수 있다. 성장하고 번식하는 모든 생명체는 각기 다른 선택압을 받으며, 그 압력은 특정 조건에서 특정 생명체를 더 유리하게 만든다. 생명체들은 증식하며, 폐기물을 처리하고 물질을 순환시키는 과정에서 서로에게 강력한 진화적 압력을 가한다. 이 상호작용의 총합이 곧 가이아다. 만약 생명이 전혀 없다면 지표면의 온도와 대기 조성은 태양 복사량이나 물리·화학 법칙만으로 비교적 잘 예측될 것이다. 그러나 실제 값은 그런 예측과 크게 다르며, 생물학을 제외한 물리·화학만으로는 이 불일치를 설명할 수 없다. 대기

성분을 만들어내고 기온을 바꾸는 살아 있는 존재들의 다층적 역할을 고려해야 비로소 퍼즐이 맞춰진다. 이런 의미에서 가이아 이론은 유효한 과학적 틀이라고 할 수 있다.

생명체가 자신을 이롭게 하려는 목적을 갖지는 않지만, 환경이 생명체에 유리하게 유지되려는 특징을 갖는다는 것은 그냥 연결에 의해 그렇게 되는 것이다. 생명체들끼리의 상호연결이 굉장히 중요하다. 생명체는 물질대사를 통해 낯선 물질을 무더기로 흡수하고 다시 배출하는데, 이렇게 배출한 물질을 또 다른 생명체들이 기회로 이용한다. 40억 년이 걸리긴 했지만 이 재활용 과정은 결국 우리가 누릴 수 있는 거주 가능 조건을 만들었다. 생물학적 되먹임이 항상 안정화만 낳지 않는다는 반례도 많다. 그러나 러브록과 마굴리스가 옹호한 것은 최적화가 아니라 비의도적 조절이다. 그들의 작업은 예측과 관측, 수정이라는 과학적 과정을 밟아왔다. 생명체가 대기성분의 조절에 미치는 영향을 설명하고 이를 토대로 화성의 생명체 존재 유무를 예측·검증한 것, 필수원소의 순환에 생명체가 미치는 영향을 검증한 것, 암석의 풍화 촉진에 미생물이 미치는 영향 등을 설명한 것, 나아가 조류와 기후변화, 시생대 대기화학성분이 메탄에 의해 조절되었다는 가설에 대해서도 검증이 진행되어 온 점은 가이아 연구에 도입된 과학적 방식의 구체적 내용들이다.

연결과 순환이라는 가이아의 개념은 학문의 지형도를 바

꾸었다. 가이아에서 비롯된 지구시스템과학은 대기·해양·지질·생물권을 하나로 묶어 관측과 모델링을 통합했고, 국제지구권-생물권 프로그램IGBP·기후변화에 관한 정부간 협의체IPCC·미래지구Future Earth 같은 조직은 이 통합을 제도화했다. 진화론은 공생·생태적 지위 구축·수평 이동을 품어 다원주의를 보강했고, 후성유전학과 마이크로바이옴 연구는 환경 신호가 염기서열 변화 없이 발현을 바꾸며, 숙주와 공생체가 함께 적응 단위를 이룰 수 있음을 보여주었다. 생태학에서는 생태적 지위가 주어지는 틀이 아니라 종이 스스로 구축하는 장이라는 인식이 확산되었다.

가이아에 대한 가장 강력한 비판은 아마도 지구를 살아 있는 생명체라고 보는 관점일 것이다. 무엇보다도 먼저 가이아라는 이름이 문제가 되었다. 자신의 고향 친구이자, 노벨 문학상을 수상한 《파리 대왕》의 작가 윌리엄 골딩William Gerald Golding, 1911~1993은 "항상성을 유지하도록 자기 조절하는 지구"를 표현할 간단한 이름이 없을까라는 러브록의 고민을 듣자마자 가이아라는 이름을 제안했다. 러브록은 그리스어도 라틴어도 몰랐기 때문에 이 단어를 몰랐지만 근사하다고 생각했고, 결국 자신의 이론에 가이아라는 이름을 붙였다. 가이아는 고대 그리스로부터 전해지는 모든 신들을 태내에 품었던 어머니 신의 이름이다. 그리고 그 흔적은 지질학geology, 기하학geometry, 판게아Pangea와 같은 과학 용어에도 여전히 남아 있다.

러브록이 처음에 쓴 책《가이아: 살아 있는 생명체로서의 지구Gaia: A New Look at Life on Earth》(1979)에서도 드러나듯이 가이아라는 말은 지구가 생명체라는 오해를 불러일으켰다. 초기에 공적인 자리에서 러브록이 여러 번 가이아를 살아 있는 생명체라고 언급한 것도 문제가 되었다. 또한 가이아가 어머니 지구라는 개념은 대중문화에서도 많이 사용한다. 인간이 헤아릴 수 없는 존재인 살아 있는 여신 가이아는 우리가 그녀의 몸에 환경적 모욕을 가하면 처벌하고, 축복을 내리면 보답을 한다는 식으로, 지구를 의인화하는 데에 쓰이기도 한다. 특히 지구를 의식적인 실체이자 여신의 상징으로 보는 뉴에이지의 가이아 사상은 그런 상황을 더욱 악화시켰다. 1960~1970년대에는 생태 위기가 커지고, 인류가 처음으로 우주에서 바라본 지구의 모습을 보게 되었다. 또 모든 생명이 서로 연결되어 있다는 상호의존의 윤리가 퍼졌다. 이 세 흐름은 자주 뒤섞여 영향을 주었지만 그만큼 과학적 내용을 마치 지구가 스스로 목적을 가진 존재인 것처럼 혹은 생명을 의인화하는 식으로 오해할 위험도 커졌다. 하지만 가이아 이론은 자연을 보존하고 여신에게로 돌아가자는 단순한 이론이 아니다.

결국 가이아는 '의식 있는 지구'가 아니라 상호작용의 네트워크와 되먹임의 역사라고 할 수 있다. 환원주의적 엄밀함

만으로는 포착하기 어려운 규모의 가설이지만, 바로 그 통합성 덕분에 지구시스템과학, 진화, 후성유전학, 생태학은 한 단계 더 발전했다. 기후시스템의 특이점과 생물권의 붕괴 위험을 다루는 오늘의 과학은 가이아가 남긴 직관을 더 정교한 데이터와 모델로 이어받고 있다. 필요한 것은 신화를 걷어낸 채, 가이아를 현대 과학의 공용어로 다듬는 일이다. 더 치밀한 관측, 더 나은 통합 모델, 더 열린 학제 협업이 그 길을 연다. 위기의 행성에서 가이아는 믿음이 아니라 연결을 계산하고 되먹임을 설계하는 방법으로 다시 살아난다.

그런데 가이아가 여러 가지 의미로 사용될 수 있다는 점에 대해 브뤼노 라투르는 "가이아는 아주 멋진 이름이다. 가이아는 과학적이자 신화적이자 정치적인 개념이다. 이 용어는 혼종 그 이상이라는 바로 그 이유에서 분명히 우주론의 변화를 지칭하는 이름이다."●라며 아주 호의적으로 해석하고 있는 점이 흥미롭다.

●브뤼노 라투르·니콜라 트뤼옹, 《브뤼노 라투르 마지막 대화》, 이세진 옮김, 복복서가, 2025, 67쪽.

가이아의 재발견

우리는 가이아 개념이 처음 발표된 순간부터, 그것이 전통 과학 분야들의 개념적 경계를 넘어서는 것을 볼 수 있다. 특히 무생물 세계와 생물 세계를 산뜻하게 나눈다고 여겨져 온 지질학과 생물학의 경계를 말이다. 하지만 자연의 과정은 자신들의 진화하는 요소들을 이렇게 만지작거리며 온갖 창발적 형태들을 낳고, 그들의 안정성 또는 생존 가능성을 현실적으로 검증할 때—무생물에서 생명을 만들어낸 뒤 덜 복잡한 생명에서 더 복잡한 생명을 빚어내고, 그다음에 생명과 무생물을 하나로 엮어 메타세계를 만들어내는 식으로—동료 심사를 거치며 학문 분야를 뚜렷이 구분하는 인류의 멋진 구성 체계를 전혀 고려하지 않는다.

이런 점에서 가이아는 더 이상 과학 논문 속의 가설만이 아니다. 기후 위기와 온난화의 그늘 아래, 자연·사회·기술을 가르는 옛 경계가 녹아내리기 시작했다. 도나 해러웨이, 이자벨 스탱게르스, 브뤼노 라투르라는 세 사람을 중심으로 가이아 담론은 발전했다. 해러웨이의 '함께-만들기', 스탱게르스의 '망설임의 정치', 라투르의 '지상으로의 착륙'은 서로 다른 입구이되 같은 실천으로 수렴한다. 누가 무엇과 손을 잡아 어떤 되먹임을 약하게 하고 어떤 순환을 두텁게 할 것인가를 고민하는 정치적 접근이다. 이들은 과학을 부정하지 않는다. 오히려 대기화학·지질생태·지구시스템 과학이 드러낸 상호의존의 물질적 사실을, 살림과 제도·기술과 권력의 설계도로 옮겨 적는다.

먼저 해러웨이는 1990년대 '사이보그 선언'의 계보 위에 가이아를 끌어들여, 인간/비인간, 자연/인공의 이분법을 가로지르는 존재론적 혼종성의 상징으로 재배치했다. 가이아는 그에게 '자연'의 본질이라기보다 관계하기·얽히기·함께 만들기(공동생산)의 실천을 부르는 이름이다. 러브록이 말한 '포스트생물학'은, 기계와 생명이 결합한 사이보그들이 일상적으로 살아가는 지구를 가리킨다. 이런 존재들이 늘어나면 지금까지 지구 생명을 지탱해 온 조절 체계가 기계-생명 하이브리드의 감각과 대사에 맞게 다시 연결될 수 있다. 그때 가이아는 무너질까 새로 꾸려질까라는 물음이 생긴다. 해러웨이는 여기에 답하며 '인류세' 대신 '츨루세/퇴비 시대'를 제안한다. 기술과 자연을 서로 적으로 두지 말고 종과 물질, 매질을 가로질러 돌봄과 동맹을 설계하자는 뜻이다. 가이아는 바로 그 설계를 시험하고 책임을 묻는 윤리의 무대다.

스탕게르스는 가이아를 침입자라고 부른다. 가이아의 침입은 우리가 자연을 단지 배경으로 여겨온 근대적 구분이 무너지는 순간을 뜻한다. '가이아의 침입'은 생물권, 기후, 지질, 해양이 얽혀 스스로 반응하는 지구 시스템인 가이아가 예측 불가능한 행위자로 우리 세계에 들어와 질서를 교란하고 요구를 내놓는 사건이다. 여기서 가이아는 착한 '대지의 어머니'나 항상 균형을 회복하는 조화의 원리가 아니다. 인간의 프로젝트에 무관심하며 때로 거칠게 반작용하는 다중의 과정들의 이름이다. 침입이라 부르는 까닭은 그동안 인간의 정치와 분리된 '자연'으로 여겨졌던 지구 환경이 이제는 더 이상 배경이 아니라 직접적인 행위자가 되어 정치적 결정에 개입하게 되었다는 뜻이다. 요컨대 '가이아의 침입'은 러브록-마굴리스의 가이아 가설을 "자연은 원래 조화롭다"는 이야기가 아니라, 스스로 반응해 우리 세계에 개입하는 지구의 정치적 등장으로 새로 읽자는 제안이다. 이때 자연/사회, 사실/가치의 경계가 무너지고, 우리는 다른 방식의 생각과 실천을 요구받는다. 과제도 달라진다. 더 이상 '환경 관리' 기술을 조금씩 보태는 문제가 아니라, 기후 변동과 생태적 특이점 속에서 속도를 늦추고 배우며, 책임·권리·법을 다시 짜고, 인간 이외의 과정들과 함께 살 수 있는 조건을 조율하는 정치, 곧 코스모폴리틱스를 새로 발명해야 한다.

스탕게르의 코스모폴리틱스는 가이아를 통해 확장된다. 인간의 이해만이 아니라 토양·대기·미생물·강의 흐름 같은 비인간 행위자도 '발언권'을 가지는 의사결정 형식, 즉 "누가 함께 세계를 구성하는가"를 다시 묻는 절차가 필요하다. 가이아라는 제안은 지구 생명이 위협받는 사실에 응답하지 않을 수 없게 만들면서도 그 위협에 충분히 답하는 완결된 해법은 없다는 점을 드러낸다. 그래서 가이아는 우리에게 계속 생각하고 조정하게 만드는 긴장을 구성한다.

철학자 이자벨 스탱게르스가 '가이아 침입'을 기술한 이래로 브뤼노 라투르는 우리가 살아가고 있는 '신기후체제'를 끊임없이 사유해 왔다. 그는 그 이유를 우리가 인류세에 진입한 이래로 "우리가 사는 세상이 달라졌기 때문"이라고 설명한다. 인류세는 인간이 강력한 지질학적 힘이 된 시대다. "우리는 더 이상 같은 세상에 살지 않는다"라고 그는 단언했다.

일상에선 우리가 가이아 안에 살며 그에 기대어 산다는 사실을 잘 잊지만, 대형 재난을 겪는 순간 비로소 우리는 전혀 다른 질서 속에 있었구나를 깨닫게 된다. 이때 떠오르는 핵심 물음은 행성이 어떻게 살 만한 곳이 되고, 그 조건을 어떻게 유지·복원할 수 있느냐는 것이다. 가이아는 수많은 생태계의 상호작용이 빚어내는 행성 표면의 조절적 생리 작동을 뜻하며, 끊임없이 새로운 환경과 생명을 만들어내는, 인간 중심이 아닌 체계다. 이 거대한 집합 속에서는 어느 종도 중심이 아니고, 인류는 장구한 지구 생명사에서 끝자락에 급팽창한 지류에 가깝다.

화석 기록이 보여주듯 지구 생명은 약 30억 년 동안 세계에 비축된 핵탄두 5천 기가 한꺼번에 터지는 데 비견될 충격을 수없이 견뎌왔고, 특히 미생물이 축이 되어 굳건한 회복력을 발휘해 왔다. 생태 위기는 이 체계의 작동 속으로 흡수되어 변이와 발명을 촉진하는 동력으로 바뀐다. 그러므로 인간이 자연 자체를 소거할 수는 없으며, 실제로 위태로운 것은 인간 사회다. 소행성 충돌이나 핵전쟁도 가이아 전체를 무너뜨리진 못했고, 인류가 과시해 온 무한 팽창의 관성은 이 행성의 조절 범위와 공존하지 않는다. 결국 가이아가 주는 한계와 되먹임을 수용하며 규모와 방식의 전환을 이루어야만 지속이 가능하다. 곧, 어떻게 이 세계를 살 만한 곳으로 만들고, 그 가능성을 지키며, 그것을 훼손하는 흐름을 저지할 것인가가 과제가 된다. 우리는 가이아 안에 있다. 거주 조건의 문제는 더 이상 미룰 수 없는 의제가 되었고, 자원 동원형 성장을 최우선으로 삼던 낡은 질서 바깥으로 이미 나와 있다. 이런 이유로 신화·과학·정치는 따로 떼어낼 수 없다―그 셋은 서로를 규정하는 연결망이다.

라투르는 러브록의 가이아 개념이 갈릴레이Galileo Galilei, 1564~1642가 당대에 했던 발견만큼 중요하다고 말하기도 했다. 갈릴레이의 혁명은 지구라는 행성을 다른 천체들에 접근시킴으로써 과학철학자 알렉상드르 쿠아레Alexandre Koyré, 1892~1964의 말마따나 닫힌 세계에서 무한한 우주로 나아가게 해주었다. 갈릴레이는 하늘을 올려다보았고, 러브록은 땅을 내려다보았다. "갈릴레오 갈릴레이가 움직이게 한 지구가 완전해지기 위해서는 러브록이 새롭게 발견한 지구가 더해져야 했다"고 라투르는 요약한다.● 우리는 서식 가능한 조건을 유지하기 위해 세계 밖에(대지를 벗어나) 사는 대신 이 새로운 지구에 착륙해야 한다. 이 새로운 지구는 지구화학자이자 지구물리학연구소 교수 제롬 가야르데Jérôme Gaillardet를 비롯한 일부 과학자들이 '임계지대critical zone'라고 부르는 곳이다. 임계지대는 나무의 꼭대기에서 가장 깊은 지하수에 이르는 대지의 가까운 표면층인데, 여기서 대지 표면과 인간의 상호작용 대부분이 일어나는바 그것은 지형학적 활동 대부분의 장소이다. 인간을 포함한 모든 생명체는 깊이가 몇 킬로미터에 지나지 않는 지구의 아주 얇은 지표에서 살아간다. 브뤼노 라투르는 이 얇은 지표를 러브록과 마굴리스를 따라 가이아라고 불렀다. 착륙한다는 것은 과학자들이 말하는 임계지대에서 산다는 뜻이자 가이아에서 가이아와 더불어 산다는 뜻이다.

구세계에서 인간은 지구에 살면서도 그 바깥을 동경했다. 보다 넓은 우주를 향한 열망 속에서 인간의 무인탐사선은 마침내 화성에 착륙했고, 태양계의 외부를 탐색하는 데에도 열정을 쏟았다. 그 시절 인간은 스스로를 무한을 향해 나아가는 존재라 믿었고, 실제로 그 감각 속에 살았다. 그러나 코로나19와 기후 위기를 겪으며 우리는 돌연 그 무한이 얼마

● Latour B., *Facing Gaia: Eight lectures on the new climatic regime*, polity, 2015, p. 78.

나 취약한 환상 위에 세워져 있었는지를 깨닫게 되었다. 우리가 '살고 있다'고 부르던 공간이 사실은 아주 좁고 쉽게 봉쇄될 수 있는 영역임을 실감한 것이다. 이 봉쇄의 체험은 단지 사회적·정치적 제한을 뜻하지 않는다. 그것은 우리가 지구라는 작은 행성 안에서 얼마나 제한된 조건 속에 살고 있는지를 드러내는 사건이다. 아이러니하게도 인간은 산업화를 통해 이 작은 행성의 거주 가능성을 스스로 바꾸어버릴 정도의 능력을 지녔다. 바로 그 때문에 오늘날 거주 가능성 habitability이라는 문제가 근본 개념으로 떠오르게 된 것이다.

그렇다면 왜 가이아가 필요한가? 생명체는 단순한 존재가 아니다. 생명체는 광물과 산과 대기까지 변화시켰고, 결국 행성 자체를 재구성했다. 미세하고 미미한 생명체들이 모여 행성 규모의 변화를 일으킨 것이다. 이처럼 사소한 존재가 거대한 결과를 낳는다는 점이 바로 '가이아'라는 개념을 이해하기 어렵게 만드는 이유다. 지구과학을 진지하게 배우지 않은 사람들에게 이러한 인식의 전환은 더욱 낯설다. 그래서 사람들은 묻는다. "우리는 지금 어디에 있는가?" 이 질문은 단순한 호기심이 아니라 우리가 처한 세계의 조건을 새롭게 사유하려는 근본적 물음이다. 너무나 많은 것이 변해버린 지금, 우리는 그 변화를 부를 새로운 이름이 필요하다. 그리고 그 이름이 바로 가이아다.

라투르는 이처럼 가이아와 정치를 대놓고 연결한다. 《가이아 마주하기》와 임계지대 프로젝트에서 그는 가이아를 '초유기체'나 '행성의 영혼'으로 숭고화하지 않는다. 대신, 얇은 지질-생물학적 껍질(임계지대)에서 서로의 배출과 흡수를 얽어놓은 수십억 행위자의 네트워크로 다시 그린다. 문제는 표상이라기보다 배열alignment이다. 그는 '대지/지구로의 귀속'을 새로운 정치적 유인자로 제시하며, 국가·시장·자연이라는 보호의 낡은 삼분법을 넘어 대기·토양·생물권 변수들과 직접 결탁하는 '구성적 정치'를 요구한다. 가이아는 그 결탁을 강제하는 사실이자, 정치를 재설계하게 만드는 조건이다.

얽힘의 역사

아마도 행성의 역사와 생명의 진화를 함께 생각한 최초의 근대 학자는 찰스 다윈일 것이다. 그의 《종의 기원》 마지막 문장을 음미해 보자.

처음에 여러 가지 생명의 기운이 하나 또는 소수의 형태에 스며들었고 이 행성이 확고한 중력의 법칙에 따라 회전하는 동안 그렇게 단순한 시작으로부터 가장 아름답고 가장 경이로우며 끝

없는 형태들이 생겨났으며 지금도 생겨나고 있다는 이러한 관점에는 장엄함이 깃들어 있다.●

지구 생명체의 역사를 이제까지와는 낯설게 얽힘의 역사로 바라본다면, 그것은 단일한 원리나 서사로 결코 설명되지 않는다. 진화의 무대 위에서 경쟁과 협력, 점진과 도약은 서로를 배제하지 않고 끊임없이 뒤얽히며, 그 얽힘 속에서 새로운 리듬과 패턴을 생성했다. 개체들은 자원을 두고 끝없는 경쟁을 벌였지만 그 압력은 동시에 협력의 가능성을 낳았고, 협력은 다시 경쟁의 조건을 바꾸며 새로운 차원의 질서를 열었다. 미토콘드리아와 원시 진핵세포의 결합, 엽록체의 도입, 다세포성의 등장은 모두 경쟁적 환경 속에서 생존을 극대화하려는 선택이었지만 결과적으로는 공생이라는 협력의 창발적 해법으로 이어졌다. 이렇듯 경쟁은 협력의 배경이었고, 협력은 경쟁을 초월하는 새로운 생존 전략이 되었다.

그러나 이 얽힘은 단지 생명체들 사이에서만 일어난 것이 아니다. 점진적 변화와 돌연한 도약이 교차하는 진화의 궤적은 미시적 차원과 거시적 차원을 동시에 가로지른다. 유전자의 작은 변이와 그 누적은 점진적 진화를 가능하게 했고, 이는 세대를 이어가며 생명체가 환경과 미묘하게 맞물리도록

● *On the Origin of Species by Means of Natural Selection*, p. 490. 저자 번역.

했다. 그러나 공생이나 유전자 수평 이동 혹은 급격한 환경 변화와 같은 사건은 돌연히 기존의 질서를 전환시켰다. 점진은 도약을 준비했고, 도약은 새로운 점진의 무대를 열었다. 그 결과 진화는 결코 단선적 궤도가 아니라 느림과 빠름, 연속과 불연속이 얽히는 굽이치는 경로가 되었다.

세포와 지구, 그리고 가이아의 관계 또한 이 얽힘 속에서 이해할 수 있다. 세포는 독립적 단위처럼 보이지만, 그 내부의 대사와 정보 흐름은 지구의 화학적 조건과 깊이 얽혀 있다. ATP 합성 경로는 원시 지각과 바다의 에너지 흐름을 세포 안으로 끌어들였고, DNA와 단백질의 상호작용은 지구 화학사의 축적 위에서만 가능했다. 반대로 세포는 지구를 변형시켜 왔다. 광합성 미생물은 대기 중 산소 농도를 바꾸어 지구 전체의 대기 화학을 전환했고, 석회화 생물은 해양 화학을 바꾸어 지질학적 순환에까지 영향을 주었다. 지구와 생명은 배경과 주체의 관계가 아니라 서로를 끊임없이 재구성하는 공진화적 짝이었다. 이 얽힘의 총체가 가이아이며, 가이아는 세포의 행위성들이 집적되어 행성 규모에서 자기조절적 특성을 발현하는 체계적 결합체다.

이 얽힘의 역사 속에서 진화의 기본 단위 역시 개체에서 공생체로 확장되었다. 개체는 경계를 가진 자율적 단위처럼 보이지만 그 안에는 언제나 수많은 공생자들이 깃들어 있다. 인간은 미생물 군집과의 얽힘 없이는 생존할 수 없으며, 나무와 곰팡이의 균근 결합, 곤충과 박테리아의 내부 공생, 해양 생물과 조류의 결합은 개체가 아니라 공생적 결합체로서만 생명을 이해할 수 있음을 보여준다. 진화의 선택 단위는 개체가 아니라 통생명체이며, 그 속에서 숙주와 공생자는 하나의 공동체로 함께 선택되고 함께 진화한다. 개체성은 독립적 본질이 아니라 얽힘을 통해 드러나는 집합적 과정이다.

결국 생명은 객체가 아니라 과정이며, 그 과정은 언제나 얽힘의 양상으로 나타난다. 생명의 사건들은 고립된 실체로서 존재하지 않고 다른 사건들과의 관계 속에서만 모습을 갖는다. 세포의 대사는 지구 화학과 얽히고, 한 종의 진화는 다른 종들과의 상호작용 속에서만 가능하다. 화이트헤드가 말했듯이, 세계는 사물이 아니라 사건과 경험의 얽힘으로 어우러져 있으며, 생명은 이러한 과정들의 합생으로 계속 새롭게 태어난다. 생명은 홀로 선 대상이 아니다. 경쟁과 협력, 점진과 도약, 세포와 지구, 개체와 공생체가 서로를 매개하며 끝없이 생성되는 얽힘의 역사 그 자체이다.

참고문헌

Arnold, W., Gewirtzman, J., Raymond, P., Duguid, M. C., Brodersen, C. R., Brown, C., Norbraten, N., Wood, Q. T. V., Bradford, M. A. & Peccia, J., "A diverse and distinct microbiome inside living trees", *Nature* 644, 2025, pp. 1039-1048

Barad, K., "Transmaterialities: Trans*/Matter/Realities and Queer Political Imagaings", *GLQ* 21(2-3), 2015, pp. 387-422

Barad, K., *Meeting the Universe Halfway*, Duke University Press, 2007

Bertrand, P. & Legendre, L., *Earth, Our Living Planet*, Springer, 2021

Bosch, T. C. G. & Miller, D. J., *The Holobiont Imperative: Perspectives from Early Emerging Animals*, Springer, 2016

Brieves, C., Rest, M. & Sariola S. (eds.), *With Microbes*, Mattering Press, 2021

Clarke, B., *Gaian Systems: Lynn Margulis, neocybernetics, and the end of the anthropocene*, University of Minnesota Press, 2020

Criado-Reyes, J., Bizzarri, B. M., Garcia-Ruiz, J., Saladino, R. & Di Mauro, E., "The role of borosilicate glass in Miller-Urey experiment", *Scientific Reports*, 2021, 11:22009.

Darwin, C. E., *On the Origin of Species by Means of Natural Selection*, John Murray, 1859

Davies, B., *Entanglement in the World's Becoming and the Doing of New Materialist Inquiry*, Routledge, 2021

Hand, K. P., *Alien oceans: The search for life in the depths of space*, Princeton University Press, 2020

Heil, R., Seitz, S. B., König, H. & Robienski, T. (eds.), *Epigentics: Ethical, Legal and Social Aspects*, Springer VS, 2017

Henahan, S., "From primordial soup to the prebiotic beach: An interview with exobiology pioneer, Dr. Stanley L. Miller", *Access Excellence*, 1996. Retrieved from https://www.urv.cat/html/consellsocial/PQDocent/CD%20LLibre%20Qualitat/material/cap7/Tema1/OriVida/Miller-Exobiology/EXOBIOLOGY.html

Hird, M. J., *The Origins of Sociable Life: Evolution After Science Studies*, Palgrave Macmillan, 2009

Ingold, T. & Palsson, G., *Biosocial Becoming: Integrating social and biological anthropology*, Cambridge University Press, 2013

Johnson, S. S., *The sirens of Mars: Searching for life on another world*, Crown, 2020

Katsnelson, A., "How did life get multicellular? Five simple organisms could have the answer", *Nature* 644, 2025, pp. 856-859

Khawaja,N., Postberg, F., O'Sullivan, T. R., Napoleoni, M., Kempf, S., Klenner, F., Sekine, Y., Craddock, M., Hillier, J., Simolka, J., Sánchez, L. H. & Srama, R., "Detection of organic compounds in freshly ejected ice grains from Enceladus's ocean", *Nature Astronomy*, 2025. https://www.nature.com/articles/s41550-025-02665-y

Latour, B., *Facing Gaia: Eight lectures on the new climatic regime*, polity, 2015

Lidgard, D. & Nyhart, L. K. (eds.), *Biological Individuality: Integrating scientific, philosophical, and historical perspectives*, The University of Chicago Press, 2017

Luisi, P. L., *The Emergence of Life*, Cambridge University Press, 2006

Miller, S. L. & Urey, H. C., "Organic compound synthesis on the primitive Earth", *Science* 130(3370), 1959, pp. 245-251

Nail, T., *Theory of the Earth*, Stanford University Press, 2021

NASA, "New Report: Perseverance Rock Sample Contains 'Potential Biosignatures'", 2025. https://science.nasa.gov/mission/mars-2020-perseverance

Nocek, A. J., "On the risk of Gaia for an ecology of practices", *Substance* 47(1), 2018, pp. 96-111

Orgel, L. M., *The Origin of Life*, John Wiley & Sons, Inc, 1973

Pitts-Taylor, V. (ed.), *Mattering: Feminism, Science and Materialism*, New York University Press, 2016

Pradeu, T., *The Limits of the Self: Immunology and biological identity*, Oxford University Press, 2012

Rados, T., Leland, O. S., Escudeiro, P., Mallon, J., Andre, K., Caspy, I., von Kügelgen, A., Stolovicki, E., Nguyen, S., Patop, I. L., Rangel, L. T., Kadener, S., Renner, L. D., Thiel, V., Soen, Y., Bharat, T. A. M., Alva, V. & Bisson, A., "Tissue-like multicellular development triggered by mechanical compression in archaea", *Science* 388, 2025, pp. 109-115

Rivilla, V. M., Jiménez-Serra, I., Martín-Pintado, J., Briones, C., Rodríguez-Almeida, L. F., Rico-Villas, F. & Requena-Torres, M., "A Discovery in space of ethanolamine, the simplest phospholipid head group", *Proceedings of the National Academy of Sciences* 118(22), 2021

Sagan, L., "On the origin of mitosing cells", *Journal of theoretical biology* 14(3), 1967, PP. 225-IN6.

Sapp, J., *Evolution by Association: A history of symbiosis*, Oxford University Press, 1994

Seeberg, J., Roepstoff, A. & Meinnert, L. (eds.), *Biosocial World: Anthropology of health environments beyond determinism*, UCL Press, 2020

Segall, M. D. & Damer, B., "The cosmological context of the origin of life: process philosophy and the hot spring hypothesis", *Extraterrestrial Life in a Process Universe* 63, 2021

Spitzer, J., *How Molecular Forces and Rotating Planets Create Life: The emergence and evolution of prokaryotic cells*, MIT Press, 2021

Stengers, I., *In Catastrophic Times: Resisting the Coming Barbarism*, Open Humanities Press, 2009

West-Eberhard, M. J., *Developmental Plasticity and Evolution*, Oxford University

Press, 2003

Whittet, D., *Origins of Life: A cosmic perspective*, Morgan & Claypool Publishers, 2017

Wilson, R. A., *Genes and the Agents of Life: The individual in the fragile sciences biology*, Cambridge University Press, 2005

Zhegunov, G., *The Dual Nature of life: Interplay of the Individual and the Genome*, Springer, 2012

Žukauskaitė, A., *Organism_Oriented Ontology*, Edinburgh University Press, 2023

과학사상연구회(엮음), 《온-생명에 대하여》, 통나무, 2003

데이비드 쾀맨, 《진화를 묻다: 다윈 이후, 생명의 역사를 새롭게 밝혀낸 과학자들의 여정》, 이미경·김태완 옮김, 프리렉, 2020

도나 J. 해러웨이, 《종과 종이 만날 때》, 최유미 옮김, 갈무리, 2022

도리언 세이건(엮음), 《린 마굴리스: 진화의 역사를 다시 쓴 과학의 이단자》, 이한음 옮김, 책읽는수요일, 2015

디페시 차크라바르티, 《행성시대 역사의 기후》, 이신철 옮김, 에코리브르, 2023

로버트 어그로스·조지 스탠시우, 《새로운 생물학—자연 속의 지혜의 발견》, 오인혜·김희백 옮김, ㈜범양사 출판부, 1994

린 마굴리스, 《공생자 행성》, 이한음 옮김, 사이언스북스, 1998

린 마굴리스·도리언 세이건, 《생명이란 무엇인가》, 황현숙 옮김, 지호, 1999

린 마굴리스·도리언 세이건, 《진화의 엔진-유전체 획득을 통한 종의 기원 이론》, 전방욱·소나 돌란(김제홍) 옮김, 미출간

멀린 셸드레이크, 《작은 것들이 만든 거대한 세계: 균이 만드는 지구 생태계의 경이로움》, 김은영 옮김, 아날로그, 2021

미셸 세르, 《기식자》, 김웅권 옮김, 동문선, 2002

브뤼노 라투르, 《지구와 충돌하지 않고 착륙하는 방법》, 박범순 옮김, 이음, 2021

브뤼노 라투르·니콜라 트리옹, 《브뤼노 라투르 마지막 대화》, 이세진 옮김, 복복서가, 2025

〈사이언스타임즈〉, '세포막의 구성 요소가 우주에서 왔을까', 2021. 5. 25.

〈사이언스타임즈〉, '화성에서 드디어 35억년 전 생명체의 강력한 증거를 발견하다. "우리는 우주에서 혼자가 아니었다"', 2025. 9. 12.

손향구, 《린 마굴리스》, 커뮤니케이션북스, 2023

손향구·전방욱, 〈자연과학의 관점에서 본 가이아〉, 《과학기술학연구》 22(1), 2022, 4-33쪽

스튜어트 A. 카우프만, 《무질서가 만든 질서》, 김희봉 옮김, ㈜알에이치코리아, 2021

신시아 브라운, 《빅히스토리: 빅뱅에서 현재까지: 인간은 어디에서 와서 어디로 향하고 있는가》, 이근영 옮김, 바다출판사, 2017

알렉상드르 I. 오파린, 《생명의 기원》, 양동춘 옮김, 한마당, 1990

애나 로웬하웁트 칭, 《세계 끝의 버섯: 자본주의의 폐허에서 삶의 가능성에 대하여》, 노고운 옮김, 현실문화, 2023

앨프리드 화이트헤드, 《과정과 실재: 유기체적 세계관의 구성》, 오영환 옮김, 민음사, 2003

양병찬, '인간 유전체 속의 '고대 바이러스 DNA', 초기 배아발생에 영향 미쳐', [일요논단], 2025. https://www.facebook.com/share/p/17FHwgLFfK/

오철우, '"나무속은 북적댄다"…작지만 거대한 생명의 합주', [오철우의 과학풍경], 〈한겨레〉, 2025. 9. 2.

이영숙·최배영, 《식물의 사회생활》, 동아시아, 2024

이진경·최유미, 《지구의 철학》, 그린비, 2024

제임스 러브록, 《가이아: 생명체로서의 지구》, 홍욱희 옮김, ㈜범양사 출판부, 1990

〈조선일보〉, '토성위성서 분출된 유기물, 생명체 가능성 다시 부상… 새 유기 분자 발견', 2025. 10. 2.

존 브로크맨(엮음), 《제3의 분화: 과학혁명을 넘어서》, 김태규 옮김, 대영사, 1997

찰스 다윈, 《종의 기원 톺아보기》, 신현철 역주, 소명출판, 2019

키스 안셀-피어슨, 《바이로이드적 생명: 니체와 탈인간의 조건》, 최승현 옮김, 그린비, 2019

톰 웨이크퍼드, 《공생 그 아름다운 공존》, 전방욱 옮김, 해나무, 2004

티머시 모턴, 《어두운 생태학: 미래 공존의 논리를 위하여》, 안호성 옮김, 갈무리, 2024

〈한겨레〉, '판다가 대나무만 먹고도 뚱뚱한 이유, 장내세균에 물어봐', 2022. 1. 19

홍영남, "생명의 기원", 《한국생물과학협회 생물과학 심포지움 제3집: 진화의 메카니즘》, 1982, 2-18쪽

얽힌 생명의 역사
지구 생명체 새롭게 보기

초판 1쇄 발행 2025년 12월 24일

지은이	전방욱
편집	김재실
디자인	육일구디자인
펴낸이	김재실
펴낸곳	책과바람
출판등록	제2025-000207호
주소	03925 서울특별시 마포구 월드컵북로 400, 5층 8호
전화	010-3025-0580
팩스	02-6455-3527
이메일	booknwish@daum.net
인스타그램	@booknwish

ISBN 979-11-993228-0-6 03470

이 책은 저작권법에 따라 보호받는 저작물이므로 무단 전재와 복제를 금합니다.
본문의 일부를 이용하려면 저작권자와 출판사의 사전 승인을 받아야 합니다.

※ 잘못된 책은 구입하신 곳에서 바꾸어 드립니다.